大学生计算机应用基础

（第 2 版）

主　编　张娓娓　张卫钢　宫丽娜
副主编　李彩红　田新志　曹　强
主　审　陈绥阳

北京理工大学出版社
BEIJING INSTITUTE OF TECHNOLOGY PRESS

内 容 简 介

本书基于 Windows 7 + Office 2010 平台，采用面向项目的教学方法，结合教学一线的实际经验编写而成。全书分为十三个项目，其内容包括：Windows 7 的基本设置、文档管理、导入多段落文档排版、唐诗排版、自选图形的绘制、试卷模板的制作、毕业设计论文排版、学生成绩信息表的制作、学生成绩统计表的制作、员工工资表的制作、销售统计分析、论文汇报文稿的制作、主题动画的制作。本书通过项目目标、需求分析、方案设计、任务实现、知识拓展、技能训练等过程进行教、学、做，突出训练，使读者掌握有关计算机应用的基础知识与基本技能，具备使用办公自动化软件处理日常工作的能力。

本书可作为以培养应用型人才为目标的普通高等院校和高职高专院校计算机应用基础课的教材，也可供需要掌握计算机办公自动化技能的学习者作为参考资料。

版权专有　侵权必究

图书在版编目（CIP）数据

大学生计算机应用基础 / 张娓娓，张卫钢，宫丽娜主编 . —2 版 . —北京：北京理工大学出版社，2018.8（2021.6重印）
ISBN 978 – 7 – 5682 – 6056 – 5

Ⅰ . ①大… Ⅱ . ①张… ②张… ③宫… Ⅲ . ①电子计算机 – 高等学校 – 教材 Ⅳ . ①TP3

中国版本图书馆 CIP 数据核字（2018）第 182542 号

出版发行 / 北京理工大学出版社有限责任公司
社　　址 / 北京市海淀区中关村南大街 5 号
邮　　编 / 100081
电　　话 / （010）68914775（总编室）
　　　　　（010）82562903（教材售后服务热线）
　　　　　（010）68948351（其他图书服务热线）
网　　址 / http：//www.bitpress.com.cn
经　　销 / 全国各地新华书店
印　　刷 / 唐山富达印务有限公司
开　　本 / 787 毫米 × 1092 毫米　1/16
印　　张 / 17　　　　　　　　　　　　　　　　　责任编辑 / 钟　博
字　　数 / 395 千字　　　　　　　　　　　　　　文案编辑 / 钟　博
版　　次 / 2018 年 8 月第 2 版　2021 年 6 月第 4 次印刷　责任校对 / 周瑞红
定　　价 / 42.00 元　　　　　　　　　　　　　　责任印制 / 施胜娟

图书出现印装质量问题，请拨打售后服务热线，本社负责调换

前 言

本书采用面向任务的过程教学方法，以实际应用问题为背景设计和组织内容，增强了教材的可读性和可操作性，从而激发学生的学习兴趣。本书的讲解由浅入深、图文并茂、语言浅显易懂，循序渐进地介绍了计算机的基本操作方法以及计算机在办公方面的具体应用。

面向任务的过程教学方法更重视课程的设计。本书的结构如下图所示：

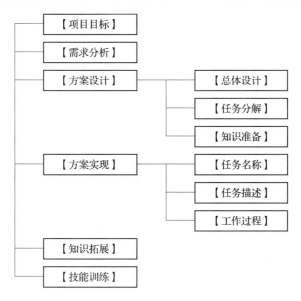

本书由陈绥阳任主审，张娓娓、张卫钢、宫丽娜任主编，李彩红、田新志、曹强任副主编。

在本书的编写过程中，编者参考了很多参考文献，并得到北京理工大学出版社的大力支持，在此一并感谢。

由于编者学识有限，书中难免存在不妥之处，敬请读者指正。

编　者

目　　录

项目一　Windows 7 的基本设置 ·· 1
　　任务 1：创建"教师"账户 ··· 3
　　任务 2：设置用户账户控制 ··· 7
　　任务 3：设置桌面背景 ··· 8
　　任务 4：设置"开始"菜单和任务栏 ··· 9
　　任务 5：系统设置 ·· 11
项目二　文档管理 ··· 20
　　任务 1：使用资源管理器创建"学习资料"文件夹 ······························ 22
　　任务 2：查看"学习资料"文件夹中的文件夹和文件 ···························· 23
　　任务 3：复制文件及创建文件快捷方式 ······································· 25
　　任务 4：压缩、解压缩文件夹 ··· 25
　　任务 5：设置文件共享 ·· 28
　　任务 6：使用 Windows 7 实用附件：写字板、画图和计算器 ···················· 32
项目三　导入多段落文档排版 ··· 38
　　任务 1：导入多个文档，清除文档原有格式 ··································· 43
　　任务 2：设置样式，统一排版 ··· 45
　　任务 3：在文中插入图片，设置图片格式 ····································· 46
　　任务 4：设置页面背景，添加文字水印 ······································· 47
　　任务 5：对文档进行加密保护 ··· 48
　　任务 6：文件的保存和文件的格式 ··· 49
项目四　唐诗排版 ··· 53
　　任务 1：清除原有格式，插入分节符 ··· 56
　　任务 2：设置文字格式，标尺排版，设置边框 ································· 58
　　任务 3：字符替换与文本框编辑 ··· 59
　　任务 4：根据各节设置不同的页眉，统一页脚 ································· 64
　　任务 5：设置各节的不同背景 ··· 65
项目五　自选图形的绘制 ··· 72
　　任务 1：新建文档，进行页面设置 ··· 73
　　任务 2：绘制一枚邮票 ·· 73
　　任务 3：绘制"某某单位行政机构图" ·· 78
　　任务 4：绘制"教学质量督导流程图" ·· 81
　　任务 5：保存文档 ·· 83
项目六　试卷模板的制作 ··· 87
　　任务 1：页面设置 ·· 88

任务 2：制作密封线	89
任务 3：输入试卷题头信息	90
任务 4：输入试卷内容并分栏	91
任务 5：制作边框与个性化页脚	94
任务 6：添加水印及隐藏答案	96
任务 7：将试卷保存为模板	99
任务 8：将考题快速发送到 Powerpoint 2010	100
项目七 《毕业设计论文》排版	**107**
任务 1：页面设置	111
任务 2：设置论文各部分分节显示	112
任务 3：正文及标题样式的设置	113
任务 4：多级编号的自动生成	115
任务 5：将样式应用到相应段落	117
任务 6：目录的生成	118
任务 7：设置页眉	119
任务 8：设置页脚	123
任务 9：修改内容，使页眉、页脚、目录自动更新	124
项目八 学生成绩信息表的制作	**127**
任务 1：新 Excel 工作簿的建立及保存	128
任务 2：数据的输入	130
任务 3：单元格格式设置	133
任务 4：创建公式，自动计算学生各科成绩	137
任务 5：工作表管理	138
任务 6：Excel 常规选项设置	139
任务 7：工作表的页面设置	140
项目九 学生成绩统计表的制作	**154**
任务 1：建立学生成绩统计表的结构	155
任务 2：利用计数函数进行学生成绩统计表的自动计算	157
任务 3：修改部分特定单元格的显示格式	160
任务 4：根据自定义条件进行条件格式设定	162
任务 5：插入图表及美化图表	163
项目十 员工工资表的制作	**176**
任务 1：建立员工工资表的结构	177
任务 2：使用公式及函数计算岗位津贴和个人所得税	179
任务 3：使用公式及函数计算各合计项	181
任务 4：验证数据的有效性	182
任务 5：美化工作表	183
任务 6：设置条件格式	185
任务 7：保护工作表	186

项目十一　销售统计分析·· 196
　　任务1：制作原始销售记录表·· 197
　　任务2：通过排序分析数据·· 199
　　任务3：利用筛选查找和分析数据·· 200
　　任务4：通过用分类汇总分析数据·· 203
　　任务5：创建数据透视表·· 205
　　任务6：创建数据透视图·· 208
项目十二　论文汇报文稿的制作·· 223
　　任务1：演示文稿文档的建立及保存··· 225
　　任务2：幻灯片的插入、删除与主题设计······································· 227
　　任务3：幻灯片母版及背景设计··· 231
　　任务4：在幻灯片中插入图片、形状及文字的输入···························· 233
　　任务5：在幻灯片中插入 Smartart 图形··· 234
　　任务6：在幻灯片中设置超链接和动作·· 236
　　任务7：幻灯片的放映和结束··· 238
项目十三　主题动画的制作·· 242
　　任务1：选择模板及背景··· 243
　　任务2：插入图片，设置图片格式··· 246
　　任务3：设置幻灯片的切换方式·· 248
　　任务4：设置幻灯片的动画效果·· 250
　　任务5：设置排练计时·· 251
　　任务6：打包·· 253

项目一

Windows 7 的基本设置

【项目目标】

操作系统（Operating System，OS）是管理电脑硬件与软件资源的程序，同时也是用户和计算机进行交互的媒介。目前个人计算机上的操作系统有微软公司的 Windows 系列操作系统、基于开源 Linux 的各种 Linux 发行版系统和苹果电脑使用的 Mac OS X 系统等，其中最常见的操作系统是 Windows 7（截至本书出版时最新版本的 Windows 操作系统是 Windows 10），本书以 Windows 7 为例进行讲解。

本项目的目标是掌握 Windows 7 的基本设置。Windows 7 是多用户操作系统，在系统中可以建立多个不同权限的用户，每个用户可以设置自己独有的桌面风格和文件目录，用户之间互不影响，可充分满足用户的个性化需求。

【需求分析】

对于家庭用户，一台计算机往往会被多人同时使用，不同用户对桌面背景等系统设置有不同的个性化需求；每个用户可能都会在桌面放置一些自己的文件，时间一长桌面会变得非常杂乱；另外可能还有一些涉及个人隐私的文件不希望别的用户访问；不熟悉计算机操作的用户往往会因为账号权限过高进行误操作导致操作系统被破坏……Windows 7 的多用户功能可以为不同的用户分配不同的权限，不同用户的桌面彼此独立，各用户可以设置不同的桌面风格，本项目以创建"教师"管理员账户为例进行多用户功能演示。

【方案设计】

1. 总体设计

创建名为"教师"的用户账户，设置用户类型、密码和用户图标。使用新建用户账户登录系统，设置用户的个性化桌面，并修改系统设置，从而充分满足用户的个性化需求。

2. 任务分解

任务 1：创建"教师"账户；

任务 2：设置用户账户控制；

任务 3：设置桌面背景；

任务 4：设置"开始"菜单和任务栏；

任务 5：进行系统设置。

3. 知识准备

1）用户账户

用户账户是通知 Windows 用户可以访问哪些文件和文件夹，可以对计算机和个人首选项

（如桌面背景或颜色主题）进行哪些更改的信息集合。使用用户账户可以与若干个人共享一台计算机，但每个人仍然有自己的文件和设置。每个人都可以使用用户名和密码访问其用户账户。

用户账户有三种不同类型：标准、管理员、来宾。每种账户类型为用户提供不同的计算机控制级别。标准账户是日常计算机使用中所使用的账户；管理员账户对计算机拥有最高的控制权限，仅在必要时才使用此账户；来宾账户主要供需要临时访问此计算机的用户使用。

2）用户账户控制

用户账户控制是微软公司为提高系统的安全性而在 Windows 7 中使用的一项新技术，它要求用户在执行可能影响计算机运行的操作或执行更改影响其他用户的设置的操作之前，提供权限或管理员密码。通过在这些操作启动前对其进行验证，用户账户控制可以防止恶意软件和间谍软件在未经许可的情况下在计算机上进行安装操作或对计算机进行更改。但对于熟悉计算机的用户来说，用户账户控制在默认情况下弹出警告窗口的次数会显得过于频繁，扰乱了正常的用户体验，甚至引起用户的反感，如图 1-1 所示。

图 1-1　用户账户控制界面

3）Windows 7 中新的"开始"菜单和任务栏

"开始"菜单存放着系统中所有的应用程序，通过"开始"菜单可以对 Windows 7 进行各种操作，如图 1-2 所示。

在 Windows 7 中，任务栏上用于启动程序和切换程序的图标是统一的，并且任务栏上不会显示文字说明。之前版本 Windows 中的快速启动栏在 Windows 7 中已不复存在。任务栏右侧通知区域右边的矩形按钮为显示桌面按钮，如图 1-3 所示。

4）Windows Defender

Windows Defender 是 Windows 7 附带的一款反间谍软件，当 Windows 启动后会自动运行。使用反间谍软件可保护计算机免受间谍软件的侵扰。需要注意的是，和杀毒软件类似，使用 Windows Defender 时，保持定期更新非常重要，如图 1-4 所示。

图 1-2　"开始"菜单

图 1-3　任务栏

图 1-4　Windows Defender 界面

【任务实现】

任务1：创建"教师"账户

1．任务描述

创建一个新用户，并使用新用户登录 Windows 7，为新用户设置相对独立的个性化桌面环境。

2．操作步骤

（1）单击"开始"按钮，打开"开始"菜单，选择"控制面板"命令，弹出"控制面板"窗口，如图 1-5 所示。

（2）单击"用户账户和家庭安全"下的"添加和删除用户账户"链接，弹出"管理账户"窗口，如图 1-6 所示。

（3）在"管理账户"窗口中，单击"创建一个新账户"超链接，弹出"创建新账户"窗口，如图 1-7 所示。

（4）在"新账户名"文本框中输入"教师"，在下面的账户类型列表中，选中"标准用户"选项，单击"创建账户"按钮，账户创建成功，如图 1-8 所示。

图 1-5 "控制面板"窗口

图 1-6 "管理账户"窗口

图 1-7 "创建新账户"窗口

项目一 Windows 7 的基本设置

图1-8 创建账户

(5) 单击"教师"账户,在弹出窗口中选择"更改图片"选项,如图1-9所示,选择自己喜欢的图标,单击"更改图片"按钮,账户图标更改成功。

图1-9 更改账户

(6) 单击"教师"账户,在弹出窗口中选择"创建密码"选项,如图1-10所示,输入密码,为防止遗忘密码,再输入一个密码提示,单击"创建密码"按钮,完成密码设置。

(7) 单击"开始"按钮,打开"开始"菜单,单击"关机"按钮旁边的三角按钮,在弹出的菜单中选择"注销"命令,如图1-11所示。出现登录界面后选择"教师"用户,输入密码,登录操作系统,如图1-12所示。

- 5 -

图 1-10　创建密码

图 1-11　注销

图 1-12　登录

任务2：设置用户账户控制

1. 任务描述

设置用户账户控制可以避免在使用操作系统的过程中频繁出现警告窗口。

微软公司在 Windows 的用户账户控制里设置了四个级别的选项。最高的级别是"始终通知我"，即用户安装应用软件或者对应用软件进行升级、应用软件在用户知情或者不知情的情况下对操作系统进行更改、修改 Windows 设置等时，都会向系统管理员汇报，同时屏幕会被锁死并降低亮度。第二个级别为"仅在应用程序试图尝试改变计算机时"通知系统管理员。这个级别是操作系统的默认控制级别。其与第一个级别的主要差异就在于用户主动改变 Windows 设置时不会通知系统管理员。在这个级别下，即使操作系统上有恶意程序在运行，也不会给操作系统造成多大的负面影响，因为恶意程序不能够在系统管理员不知情的情况下修改系统的配置，如更改注册表、更改 IE 浏览器的默认页面、更改服务启动列表等。第三个级别为"仅当应用程序试图尝试改变计算机时"通知系统管理员，其他设置基本和第二级别一致，区别在于屏幕亮度不降低，也不锁屏。第四个级别就是在任何情况下都不通知系统管理员即关闭用户账户控制。

2. 操作步骤

（1）单击"开始"按钮，打开"开始"菜单，选择"控制面板"命令，弹出"控制面板"窗口。

（2）单击"用户账户和家庭安全"链接，弹出"用户账户和家庭安全"窗口，如图 1-13 所示。

图 1-13　"用户账户和家庭安全"窗口

（3）单击"用户账户"链接，弹出"用户账户"窗口，如图 1-14 所示。

（4）单击"更改用户账户控制设置"链接，弹出"用户账户控制设置"窗口，如图 1-15 所示。

（5）拖动左边的滑块调整到相应的位置，单击"确定"按钮，完成设置。

图 1-14 "用户账户"窗口

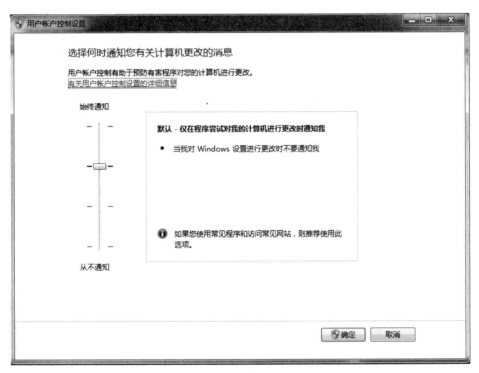

图 1-15 "用户账户控制设置"窗口

任务3：设置桌面背景

1. 任务描述

设置桌面背景及屏幕保护。

2. 操作步骤

(1) 单击"开始"按钮，打开"开始"菜单，选择"控制面板"命令，弹出"控制面板"窗口，如图1-16所示。

项目一　Windows 7 的基本设置

图 1-16　"控制面板"窗口

（2）单击"更改桌面背景"链接，弹出"桌面背景"窗口，如图 1-17 所示。

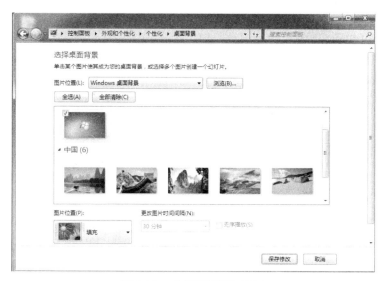

图 1-17　"桌面背景"窗口

（3）在图片列表中选择一幅或者多幅自己喜欢的图像，单击"保存修改"按钮，完成设置。当同时选择多幅图像时可以设置更改图片时间间隔的值，到达指定时间后 Windows 会自动切换下一幅图像。

任务 4：设置"开始"菜单和任务栏

1. 任务描述

对"开始"菜单及任务栏设置显示属性。

2. 操作步骤

（1）鼠标指向任务栏，单击鼠标右键，弹出快捷菜单，选择"属性"命令，打开"任务栏和「开始」菜单属性"窗口,选择"任务栏"选项卡,如图 1-18 所示,"任务栏外观"组框中有多个复选框及其设置效果。其中每个复选框的含义如下:

① 锁定任务栏(L):选中该复选框,任务栏的大小和位置将固定不变,用户不能对其进行调整,通过鼠标或快捷键"L"进行设置。

② 自动隐藏任务栏(U):选中该复选框,任务栏隐藏起来,只有将鼠标光标靠近任务栏时,任务栏才会显示出来,通过鼠标或快捷键"U"进行设置。

③ 使用小图标(I):选中该复选框,任务栏中表示程序和窗口的图标使用小图标样式。

对于通知区域图标,可以单击"自定义"按钮设置每个具体对象的显示行为,如可以通过选择"显示图标和通知"选项将某些图标设置为在任务栏通知区域永远可见,如图 1-19 所示。

(2) 在"任务栏和「开始」菜单属性"窗口中,选择"开始菜单"选项卡,如图 1-20 所示,用户通过单击"自定义"按钮可进行详细设置。

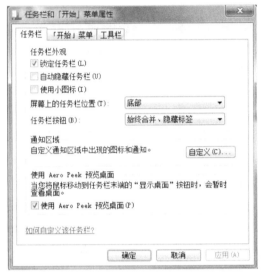

图 1-18 任务栏属性

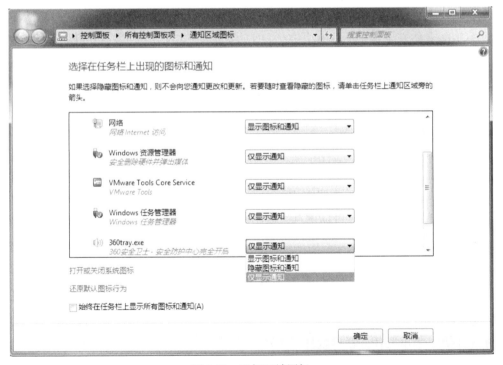

图 1-19 通知区域图标

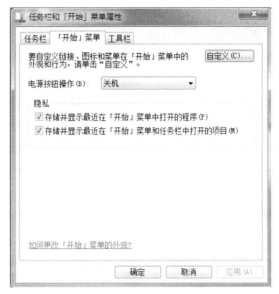

图 1-20 "开始"菜单属性

任务5：系统设置

1．任务描述

用户在 Windows 7 操作系统中不但可以进行各种操作，还可以对系统中的内容进行调整或设置，如设置计算机名和工作组名、设置系统日期和时间、设置电源使用方案等。

2．操作步骤

（1）单击"开始"按钮，打开"开始"菜单，在右侧的"计算机"项上单击鼠标右键，在弹出的菜单中选择"属性"，如图 1-21 所示。

（2）在弹出的"系统"属性窗口中可以看到当前的计算机名称和工作组名称，单击右侧的"更改设置"链接，如图 1-22 所示。

（3）在弹出的"系统属性"对话框中单击"更改（C）…"按钮，如图 1-23 所示。

（4）在弹出的"计算机名/域更改"对话框中的"计算机名（C）"下面的文本框中输入新的计算机名称，单击"确定"按钮完成计算机名称的更改，如需更改工作组名称，可在下面的文本框中输入新的工作组名称，如图 1-24 所示。注意：修改计算机名称和工作组名称后需要重启系统生效。

（5）单击任务栏中的日期和时间图标，出现日期和时间窗口，如图 1-25 所示。单击"更改日期和时间设置…"超链接，弹出对话框如图 1-26 所示。在"日期和时间"选项卡中用鼠标单击"更改日期和时间（D）…"按钮，在弹出的对话框中选择"日期"组框中的年、月、日，在"时间"组框中可输入相应的时间进行调整，如图 1-27 所示。另外还可以通过"Internet 时间"选项卡里面的同步功能将系统时间和网络中的服务器进行同步。

图 1-21 "开始"菜单

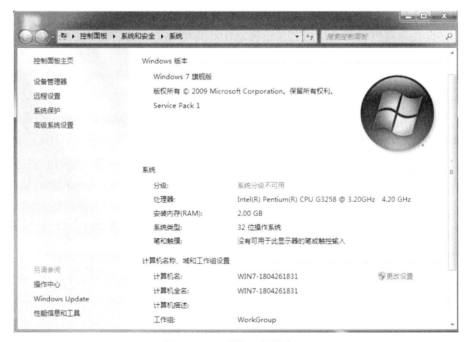

图 1-22 "系统"属性窗口

项目一　Windows 7 的基本设置

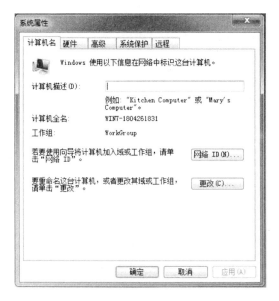

图 1-23　"系统属性"对话框

图 1-24　"计算机名/域更改"对话框

图 1-25　日期和时间窗口

图 1-26　"日期和时间"对话框

（6）在"控制面板"窗口中单击"电源选项"超链接，弹出窗口如图 1-28 所示，在"选择电源计划"下面的列表中选择一种电源计划，完成设置。笔记本电脑使用电池供电时建议选择"节能"方案以尽可能延长电池使用时间。另外可以通过单击旁边的"更改计划设置"链接对每种预置的电源计划方案进行自定义。

- 13 -

图 1-27 "日期和时间设置"对话框

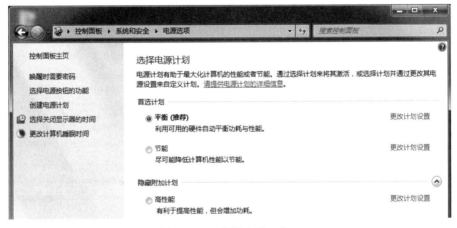

图 1-28 "电源选项"窗口

【知识拓展】

1. 使用"鲁大师"程序查看计算机硬件信息

"鲁大师"是一款个人电脑系统工具,拥有测试电脑硬件配置、对电脑整机性能进行评测和检测安装硬件驱动程序等功能。

(1) 打开"鲁大师"程序并切换到"硬件检测"选项卡,可以查看当前计算机各部件的硬件信息,如图 1-29 所示。

(2) 打开"驱动检测"功能,"鲁大师"程序会启动其自带的"360 驱动大师"程序,通过该程序可以查看当前计算机的硬件驱动安装情况,如有未安装的驱动或者需要更新的驱动,按照提示操作即可,如图 1-30 所示。

项目一　Windows 7 的基本设置

图 1-29　使用"鲁大师"程序查看计算机硬件信息

图 1-30　驱动检测

（3）切换到"性能测试"选项卡，可以对当前计算机硬件进行性能评测，从下面各项评分结果可以看出当前计算机的硬件配置是否均衡，如图 1-31 所示。

2．自定义 IE 浏览器属性

选项卡浏览是指在一个浏览器窗口中打开多个网站的功能，通过使用选项卡浏览，可以减少任务栏上显示的浏览器项目数量，使任务栏看起来更清爽，另外也可以减少内存的使用。

图 1-31 性能测试

在 IE 浏览器界面的右上角集成了一个搜索框，通过它用户可以在不访问搜索引擎主页的情况下，在搜索框中直接输入所要查询的关键字符，然后单击"搜索"按钮，便可自动跳转到相应搜索引擎的搜索结果页面，这简化了操作，提高了搜索效率。在默认情况下，搜索框所调用的是微软公司的 Bing 搜索，用户可以根据自己的偏好选择添加自己感觉搜索效果好的 Web 搜索引擎。

对 IE 浏览器进行相应的设置，可以更改显示的工具栏，也可以更改安全措施。

（1）在桌面选择 IE 浏览器图标，单击鼠标右键，选择"属性"命令，其"Internet 选项"对话框的"常规"选项卡如图 1-32 所示。

① "主页"组框：在主页地址中可输入经常浏览的网站，也可默认或空白。

② "浏览历史记录"组框：IE 把用户浏览过的网页存入临时文件夹中，当用户下次浏览时速度加快，并且自动记录浏览过的页面信息，如果勾选了"退出时删除浏览历史记录"选项则每次关闭浏览器程序时自动清除历史记录，单击"设置"按钮可以进行设置，单击"删除"按钮将删除临时文件夹中的所有文件，如图 1-33 所示。

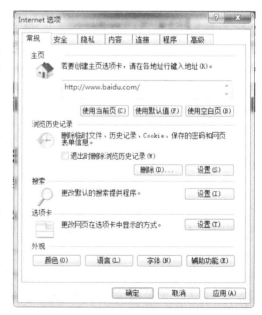

图 1-32 "Internet 选项"对话框

项目一　Windows 7 的基本设置

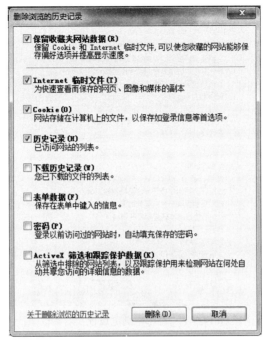

图 1-33　Internet 安全设置对话框

（2）单击"搜索"组框下面的"设置"按钮，弹出"管理加载项"对话框，如图 1-34 所示，单击最下面的"查找更多搜索提供程序（F）…"链接可以添加新的搜索程序。

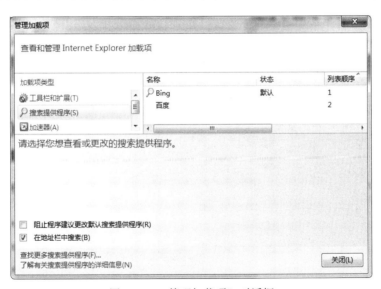

图 1-34　"管理加载项"对话框

（3）单击"选项卡"组框下面的"设置"按钮，弹出"选项卡浏览设置"对话框，如图 1-35 所示，选择最下面的"从位于以下位置的其他程序打开链接："组框下面的"当前窗口中的新选项卡（B）"选项，完成设置。

- 17 -

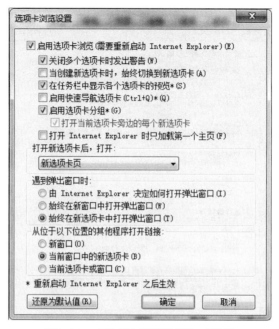

图1-35 "选项卡浏览设置"对话框

3. 磁盘清理

通过 Windows 7 系统的磁盘清理程序，可以清除磁盘中的一些临时文件、Internet 缓存文件和垃圾文件，以释放更多的磁盘空间。现以清理 C 盘驱动器为例讲解操作步骤。

（1）单击"开始"按钮，打开"开始"菜单，选择"控制面板"命令，单击"系统和安全"超链接，弹出"系统和安全"窗口，如图 1-36 所示。

图1-36 "系统和安全"窗口

(2)选择"释放磁盘空间"链接,在弹出的对话框中单击"确定"按钮,如图 1-37 所示。

图 1-37　选择驱动器

(3)系统自动打开"磁盘清理"对话框,对磁盘中的文件进行计算和扫描,如图 1-38 所示。如果要删除某类文件就选中其复选框,单击"确定"按钮完成清理。

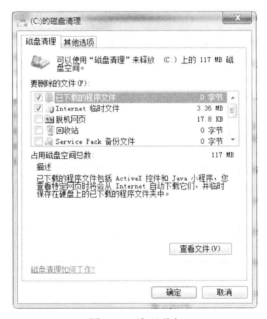

图 1-38　清理磁盘

【技能训练】

(1)创建用户名为"学生"的账号,设置其为标准用户,重新以"学生"用户登录,掌握管理员与标准类型的区别。

(2)将"腾讯 QQ"程序图标设置为在任务栏通知区域永远可见。

(3)将 IE 浏览器首页设置为"http://www.xasyu.cn/",默认链接打开方式为在当前窗口中的新选项卡中打开,将搜索栏默认搜索引擎改为"百度"。

(4)使用"鲁大师"程序查看自己所使用计算机的硬件信息并检查驱动程序安装情况。

项目二

文档管理

【项目目标】

本项目的目标是掌握 Windows 7 系统中的文档管理。计算机中的数据是以文件的形式存储的,其按内容可分为音乐、电影、图片、资料等类型。对计算机文档进行合理科学的管理可以提高工作效率。

【需求分析】

完成文档管理任务,通过 Windows 7 提供的资源管理器程序对文件及文件夹进行管理,在资源管理器下创建"学习资料"文件夹,实现对文件夹和文件的操作,设置和共享"学习资料"文件夹,掌握 Windows 7 实用附件的应用。

【方案设计】

1. 总体设计

使用资源管理器建立"学习资料"文件夹,管理文档,设置文档的各种属性,以及实现"学习资料"文件夹的共享。

2. 任务分解

任务 1:使用资源管理器创建"学习资料"文件夹;
任务 2:查看"学习资料"文件夹中的文件夹和文件;
任务 3:复制文件及创建文件快捷方式;
任务 4:压缩、解压缩文件夹;
任务 5:设置文件共享;
任务 6:使用 Windows 7 实用附件:写字板、画图和计算器等。

3. 知识准备

1)文件和文件夹

文件就是计算机中数据的存在形式,其有文字、图片、声音、视频等多种类型,其外观是由图标、文件名和扩展名组成的。

文件夹是计算机保存和管理文件的一种方式,也可称为目录,文件夹既可以包含文件,也可以包含其他文件夹。

2)复制、移动、删除和重命名

复制是将选定的对象(文件或者文件夹)从原位置复制到新的位置,也可以复制到同一位置,复制完成后原文件或原文件夹保持不变。

移动是将选定的对象(文件或者文件夹)从原位置移动到新的位置,移动完成后原始位置的原文件或原文件夹消失。

删除是将选定的对象（文件或者文件夹）从磁盘中删除。

重命名是将选定的对象（文件或者文件夹）重新命名为新的名字。

3）剪贴板

剪贴板是内容中的一块空间，它是 Windows 操作系统实现信息传送和共享的一种手段，剪贴板中的信息不仅可以用于同一个应用程序的不同文档之间，也可以用于不同的 Windows 应用程序之间。

4）快捷方式

快捷方式是原文件或外部设备的一个映像文件，它提供了访问捷径，用户实际上是通过访问快捷方式访问到它所对应的原文件或外部设备。

5）压缩、解压缩

为了缩小文件或者文件夹所占的磁盘空间，可以使用专门的压缩软件对其进行压缩。互联网上的很多资源为了减小文件体积、缩短用户下载所需时间，均是以压缩文件的形式提供下载的，对于此类文件在使用前需要进行解压缩操作，最常用的压缩/解压缩软件为 WinRAR。

6）共享文件夹

共享文件夹就是指某个计算机用来和其他计算机相互分享的文件夹，该计算机共享的文件夹里的文件，对方在网络中根据共享权限可以对其进行查看、修改、删除等操作。需要注意的是，文件不能直接进行共享，可以将需要共享的文件放入文件夹中，通过共享该文件夹实现文件的共享。

7）Windows 7 中新的资源管理器

Windows 7 中新的资源管理器的地址栏，无论是易用性还是功能性都比过去更加强大。通过全新的地址栏，可以获取当前目录的路径结构、名称，实现目录的跳转或者跨越跳转操作，而且在新的资源管理器的地址栏右侧增加了搜索栏，通过它用户可以很方便地随时查找文件；另外，在新的资源管理器中找不到菜单栏的身影，取而代之的是全新的工具栏，常用的命令都可以通过工具栏组织按钮下的菜单找到，如图 2-1 所示。

图 2-1　资源管理器

8）网络环境类型

Windows 7 有三种网络环境类型，分别是家庭网络、工作网络、公用网络。网络环境不同，Windows 防火墙的设置也不同。在公共场所连接网络时，"公用网络"环境会阻止某些程序和服务运行，这样有助于保护计算机免受未经授权的访问。如果连接到"公用网络"并且 Windows 防火墙处于打开状态，则某些程序或服务可能会要求允许它们通过防火墙进行通信，以便正常工作。

【任务实现】

任务1：使用资源管理器创建"学习资料"文件夹

1. 任务描述

资源管理器是管理电脑资源的重要平台，在窗口的左侧有一个以树形结构清晰地显示当前电脑中所有资源的文件夹目录窗口。下面使用资源管理器在 D 盘根目录下创建"学习资料"文件夹。

2. 操作步骤

（1）单击"开始"菜单中的"计算机"项，打开资源管理器程序，然后双击右侧的"本地磁盘（D:）"，打开 D 盘文件夹，单击资源管理器工具栏上的"新建文件夹"命令，即可新建一个文件夹。在新建文件夹的名称文本框中输入"学习资料"，按回车键完成创建，双击打开刚刚建立的"学习资料"文件夹，单击资源管理器工具栏上的"新建文件夹"命令依次创建"大学英语""大学语文""大学物理"等文件夹，如图 2-2 所示。

图 2-2 "学习资料"文件夹

（2）在资源管理器中双击打开刚刚建立的"大学英语"文件夹，在资源管理器的空白处单击鼠标右键选择"新建（W）"→"文本文档"命令，并将新建的文件重命名为"习题"，如图 2-3 所示。

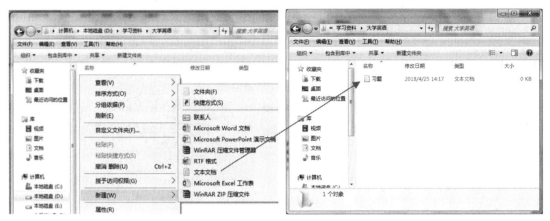

图 2-3　新建"习题"文件

任务2：查看"学习资料"文件夹中的文件夹和文件

1．任务描述

对文件夹及文件设置各种属性，再进行查看。

2．操作步骤

（1）用鼠标右键单击"大学英语"文件夹，在弹出的快捷菜单中选择"属性"命令，打开文件夹属性对话框，如图 2-4 所示，在这里可以查看此文件夹所占磁盘空间、所包含文件及子文件夹数量和创建时间等信息。在文件夹属性对话框选中"隐藏"复选框，单击"确定"按钮，刷新后，右侧窗口中的"大学英语"文件夹消失。

（2）要查看隐藏文件夹"大学英语"，单击资源管理器窗口中工具栏上的"组织"命令，在弹出的菜单中选择"文件夹和搜索选项"命令，如图 2-5 所示，在弹出的对话框中选择"查看"选项卡，在"高级设置"列表框中选中"显示隐藏的文件、文件夹和驱动器"单选按钮，如图 2-6 所示，单击"确定"按钮，刷新窗口，即可显示"大学英语"文件夹，接下来取消"大学英语"文件夹的"隐藏"属性，其过程参考设置"隐藏"属性操作。

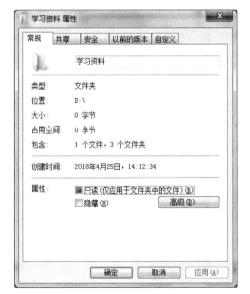

图 2-4　文件夹属性对话框

图 2-5 "组织"命令下的菜单　　　　　　图 2-6 文件查看设置对话框

（3）在上面的"文件夹选项"对话框中，通过取消勾选"隐藏已知文件类型的扩展名"可以设置显示文件的扩展名，如图 2-7 所示。

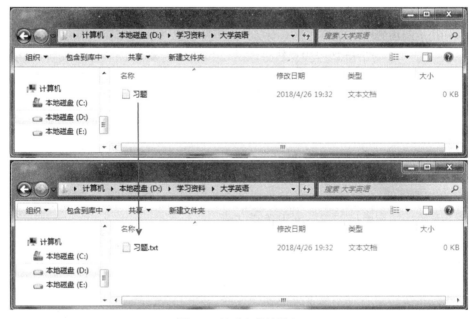

图 2-7 显示文件扩展名

任务3：复制文件及创建文件快捷方式

1. 任务描述

把"学习资料/大学英语"文件夹中的"习题.txt"文件复制到桌面，再在桌面上创建"学习资料"文件夹的快捷方式。

2. 操作步骤

（1）打开"大学英语"文件夹，在窗口中的"习题.txt"文件上面单击鼠标右键，在弹出的菜单中选择"复制（C）"命令，如图2-8所示。

（2）单击资源管理器左侧面板中收藏夹下的"桌面"项，在右侧的桌面内容空白处单击鼠标右键，在弹出的菜单中选择"粘贴（P）"命令，如图2-9所示，桌面上就会出现"习题"文件。

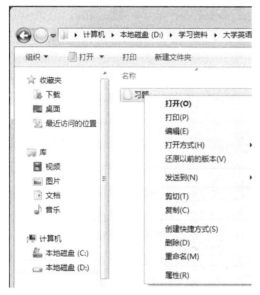
图2-8　用鼠标右键复制

图2-9　用鼠标右键粘贴

（3）通过资源管理器的地址栏切换到"本地磁盘（D:）"，在窗口中"学习资料"文件夹上面单击鼠标右键，在弹出的菜单中选择"发送到（N）"→"桌面快捷方式"命令，快捷方式创建完成，如图2-10所示。

任务4：压缩、解压缩文件夹

1. 任务描述

把"学习资料"文件夹进行压缩，将得到的压缩文件移动到桌面，再在桌面上解压此压缩文件。

图 2-10　创建快捷方式

2．操作步骤

（1）在"学习资料"文件夹上单击鼠标右键，选择"添加到'学习资料.rar'（T）"命令，得到压缩后的"学习资料.rar"文件，如图 2-11 所示。

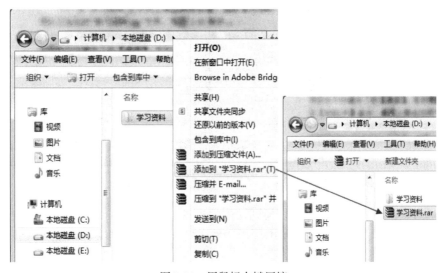

图 2-11　用鼠标右键压缩

（2）在"学习资料.rar"文件上单击鼠标右键，选择"剪切（T）"命令，如图 2-12 所示。单击资源管理器左侧面板中收藏夹下的"桌面"项，在右侧的桌面内容空白处单击鼠标右键，在弹出的菜单中选择"粘贴（P）"命令，如图 2-13 所示，"学习资料.rar"文件被移动到桌面。

（3）在"学习资料.rar"文件上单击鼠标右键，选择"解压到当前文件夹（X）"命令，得到解压后的"学习资料"文件夹，如图 2-14 所示。

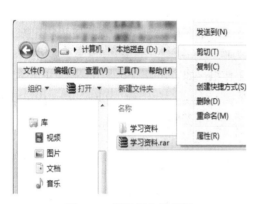

图 2-12 用鼠标右键剪切

图 2-13 用鼠标右键粘贴

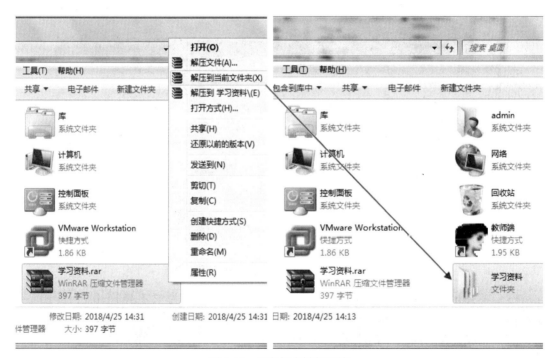

图 2-14 用鼠标右键解压缩

（4）进行解压操作后原来的"学习资料.rar"文件就不再需要了，可以通过在其上单击鼠标右键，选择"删除（D）"命令，将其删除至回收站。

任务5：设置文件共享

1. 任务描述

通过匿名文件共享实现局域网中文件和打印机的共享。

2. 操作步骤

文件共享通常有使用密码访问共享和匿名共享两种方式。其实匿名共享和使用密码访问共享的区别仅在于匿名用户（Guest）是否需要密码，使用密码访问共享需要使用特定账户的用户名和账户密码来进行访问。下面以匿名共享为例进行讲解。

首先实现文件共享的两个计算机必须处于同一个工作组，如工作组不同，则需要先更改为相同的工作组名称。具体方法参考项目一中的相应内容。另外不建议在公共网络环境下共享文件，在进行共享前建议先将网络类型更改为家庭网络或者工作网络。

(1) 单击"任务栏"右侧的网络连接图标，选择"打开网络和共享中心"命令，如图2-15所示。

(2) 在弹出的"网络和共享中心"窗口中找"查看活动网络"→"网络"，单击其下面的"公共网络"链接，如图2-16所示。

图2-15　"打开网络和共享中心"命令

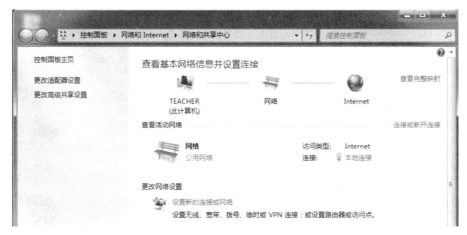

图2-16　"网络和共享中心"窗口

(3) 在弹出的"设置网络位置"窗口中将网络类型选为"工作网络"，如图2-17所示。

(4) 完成设置后回到"网络和共享中心"窗口中的"查看活动网络"→"网络"，下面的网络类型已经设置为"工作网络"，如图2-18所示。

(5) 单击"网络和共享中心"窗口左侧的"更改高级共享设置"链接，在弹出的"高级共享设置"窗口中，确保选中"家庭或工作"类别下面的"启用网络发现""启用文件和打印机共享"和"关闭密码保护共享"，单击"保存修改"按钮完成设置，如图2-19所示。

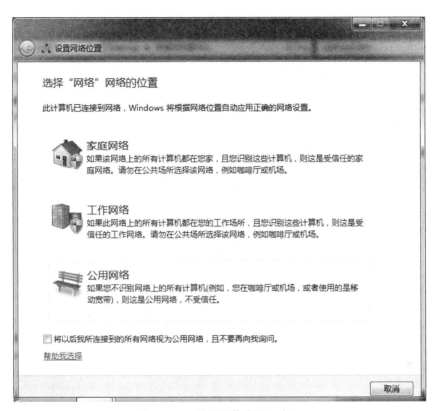

图 2-17 "设置网络位置"窗口

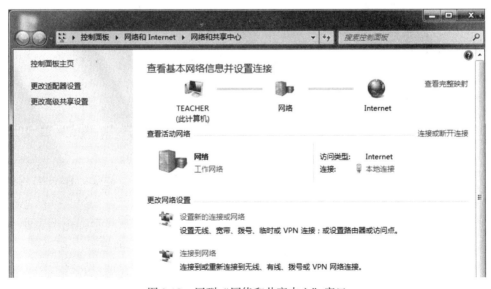

图 2-18 回到"网络和共享中心"窗口

图 2-19 "高级共享设置"窗口

（6）参考前面的方法打开"控制面板"中的"管理账户"窗口，单击"Guest"按钮，如图 2-20 所示。

图 2-20 "管理账户"窗口

（7）在弹出的"启用来宾账户"窗口中单击"启用"按钮完成来宾账户的启用，如图 2-21 所示。

（8）在要共享的文件夹"学习资料"上面单击鼠标右键，然后在弹出的菜单中选择"共享（H）"命令，最后在弹出的子菜单中选择"特定用户…"，如图 2-22 所示。

（9）在弹出的"文件共享"对话框中的下拉列表中选中"Guest"，接着单击右边的"添加（A）"按钮，接着在下面设置共享的方式，最后单击"共享（H）"按钮，如图 2-23 所示。

（10）在弹出的对话框中单击"完成（D）"按钮，完成共享设置，如图 2-24 所示。

图 2-21 "启用来宾账户"窗口

图 2-22 特定用户共享

图 2-23 添加 Guest 用户

图 2-24 完成共享

（11）对于需要访问匿名共享资源的计算机，其操作系统可以是 Windows 7，也可以是 Windows XP 或者 Windows 10。下面以 Windows10 系统为例访问共享，首先打开资源管理器程序，单击左侧的"网络"链接，在右边的窗口中可以看到设置过共享文件的计算机，如图 2-25 所示。双击打开后即可看到前面设置了共享的文件夹，如图 2-26 所示。

图 2-25 网络中的计算机

任务6：使用 Windows 7 实用附件：写字板、画图和计算器

1. 任务描述

运用"写字板"程序可以编辑一些带有简单格式的文档；运用"画图"程序可以绘制出一些简单的图形，并且对图片进行简单的处理；运用"计算器"程序能够进行一些基本的计算。

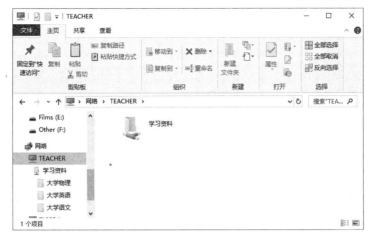

图 2-26　访问共享

2．操作步骤

（1）单击"开始"菜单，选择"所有程序"→"附件"→"写字板"命令，"写字板"窗口界面如图 2-27 所示。在编辑完文本后，按下"Ctrl + S"组合键进行保存，在弹出的"保存为"对话框中选择保存位置，并对文件进行命名，单击"保存"按钮，文件就保存到磁盘中了，如图 2-28 所示。

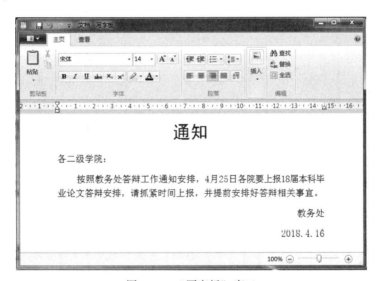

图 2-27　"写字板"窗口

（2）按下键盘上的"PrintScreen（PrtScr）"按键对电脑屏幕显示画面进行截图，此时截图位于内存中的剪贴板中，单击"开始"菜单，选择"所有程序"→"附件"→"画图"命令，"画图"程序界面如图 2-29 所示，使用"Ctrl + V"组合键将刚才剪贴板中的截图提取到"画图"程序中并利用"画图"程序对屏幕截图进行编辑，如图 2-30 所示。

（3）单击"开始"按钮，打开"开始"菜单，选择"所有程序"→"附件"→"计算器"命令，"计算器"界面如图 2-31 所示，在"计算器"界面中单击"查看"菜单，选择"科学型"命令，便可切换至科学型计算器界面，如图 2-32 所示。

图 2-28 "保存为"对话框

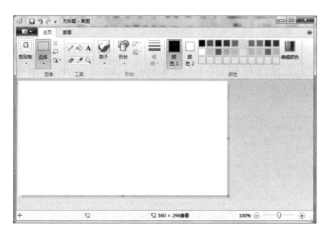

图 2-29 "画图"程序界面

图 2-30 将截图提取到"画图"程序中

项目二　文档管理

图 2-31　"计算器"界面　　　　　　　图 2-32　科学型计算器界面

【知识拓展】

1. 创建宽带连接

对于普通家庭用户，往往需要建立宽带连接进行 PPPoE 拨号上网。具体方法如下：

（1）打开"网络和共享中心"窗口，在"更改网络设置"下面选择"设置新的连接或网络"命令，如图 2-33 所示。

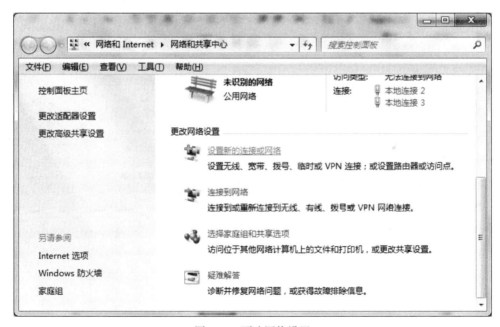

图 2-33　更改网络设置

（2）在"设置连接或网络"对话框中，选择"连接到 Internet"命令，单击"下一步（N）"按钮，如图 2-34 所示。在"您想如何连接"对话框中，单击"宽带（PPPoE）(R)"命令，如图 2-35 所示。输入相关 ISP 提供的信息后单击"连接（C）"按钮即可，如图 2-36 所示。

- 35 -

图 2-34　设置网络连接

图 2-35　选择 PPPoE

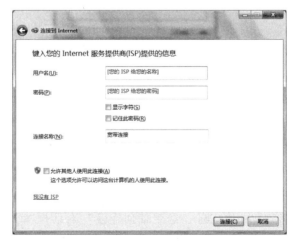

图 2-36　设置宽带账号信息

2. 录音机的使用

在 Windows 7 中有类似的录音机，通过它可以将自己的声音录制下来，在需要时可以进行播放，还可以对其进行编辑。操作步骤如下：

图 2-37 "录音机"对话框

单击"开始"按钮，打开"开始"菜单，选择"所有程序"→"附件"→"录音机"命令，"录音机"对话框如图 2-37 所示，连接好话筒后，单击"开始录制（S）"按钮后就可以录音了，同时"开始录制（S）"按钮变为"停止录制（S）"功能，待录制完成后，单击"停止录制（S）"按钮，录音停止。

3. 更改快捷方式图标

可对快捷方式的图标进行更换，使其更加个性化。用鼠标右键单击桌面上的"学习资料 – 快捷方式"图标，选择"属性"命令，在弹出对话框中选择"快捷方式"选项卡，如图 2-38 所示，单击"更改图标"按钮，如图 2-39 所示，选择一种图标，单击"确定"按钮，完成更改图标操作。

图 2-38 快捷方式属性对话框

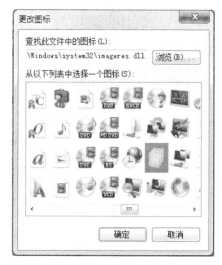

图 2-39 "更改图标"对话框

【技能训练】

（1）在 D 盘下建立"学生作业"文件夹，并在其下新建一个"MicrosoftWord 文档"文件，将其重命名为"项目二.docx"。

（2）将"学生作业"文件夹进行压缩，将压缩后的文件名重命名为"自己的学号.rar"，再将压缩文件移动到桌面。

（3）开启系统内置的"Guest"账户，新建标准账户"Stud"。

（4）将"学生作业"文件夹进行共享，共享权限中设置为"Guest"只可读，"Stud"可读写。

项目三

导入多段落文档排版

【项目目标】

本项目的目标是把多个文档内容导入到一个文档中,快速清除原格式,然后对文本格式进行统一样式排版,在文档的适当位置插入图片,设置图片格式,对文档进行图文混排,加/解密文档,最后保存文档到适当位置。排版效果如图 3-1 所示。

图 3-1 排版效果

【需求分析】

工作中经常会遇到这样的情况,不同的文档汇总到一个文档时,由于编写人不同,格式不尽相同,这就要求能够对多个文档进行汇总导入,统一排版。

本项目讲授了导入三个格式不同的文档,并对其进行统一格式,美化排版的方法。

【方案设计】

1. 总体设计

把"电脑艺术设计专业(专)""电子信息工程(本)"和"计算机科学与技术(本)"三个文件导入到"专业介绍"文件中,清除原有格式,统一排版,加密文档,保存文档。

2. 任务分解

任务1：导入多个文档，清除文档原有格式；

任务2：设置样式，统一排版；

任务3：在文中插入图片，设置图片格式；

任务4：设置页面背景，添加文字水印；

任务5：对文档进行加密保护；

任务6：文件的保存和文件的格式。

3. 知识准备

1）Word 2010 界面认识

Word 2010 的操作界面主要包括标题栏、快速访问工具栏、功能区、菜单按钮、文档编辑区、滚动条、状态栏、视图切换区，以及比例缩放区等。如图 3-2 所示。

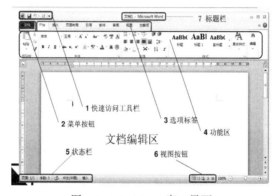

图 3-2　Word 2010 窗口界面

（1）标题栏：主要用于显示正在编辑的文档文件名和当前使用的软件名字，还包括微软标准的"最小化""还原"和"关闭"按钮。

（2）快速访问工具栏：主要包括一些常用命令，如"Word""保存""撤销"和"恢复"按钮。单击快速访问工具栏最右端的下拉按钮，可以添加其他常用命令或经常需要用到的命令。

（3）功能区：主要包括"开始""插入""页面布局""引用""邮件""审阅"和"视图"等选项卡，以及工作时需要用到的命令。

（4）菜单按钮：是一个类似于菜单的按钮，位于 Word 2010 窗口左上角。其包括"信息""最近""新建""打印""共享""打开""关闭"和"保存"等常用命令。

2）样式窗口

在 Word 2010 的"样式"窗格中可以显示出全部的样式列表，并可以对样式进行比较全面的操作。在 Word 2010 的"样式"窗格中选择样式的步骤如下：

第 1 步：打开 Word 2010 文档窗口，选中需要应用样式的段落或文本块。在"开始"功能区的"样式"分组中单击"显示样式窗口"按钮，如图 3-3 所示。

图 3-3　"显示样式窗口"按钮

第 2 步：在打开的"样式"任务窗格中单击"选项"按钮，如图 3-4 所示。

第 3 步：打开"样式窗格选项"对话框，在"选择要显示的样式"下拉列表中选中"所有样式"选项，如图 3-5 所示，并单击"确定"按钮。

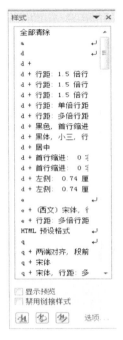

图 3-4 "选项"按钮　　　　　　　　　图 3-5 "样式窗格选项"对话框

第 4 步：返回"样式"窗格，可以看到已经显示出所有的样式。选中"显示预览"复选框可以显示所有样式的预览，如图 3-6 所示。

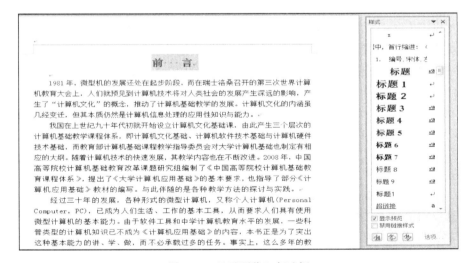

图 3-6 "显示预览"复选框

第 5 步：在所有样式列表中选择需要应用的样式，即可将该样式应用到被选中的文本块或段落中。

3)清除样式和格式

打开 Word 2010 文档窗口,选中需要清除样式或格式的文本块或段落,在"开始"功能区单击"样式"分组中的"显示样式窗口"按钮,打开"样式"窗格,在样式列表中单击"全部清除"按钮即可清除所有样式和格式。

4)插入图片

在 Word 2010 文档中插入图片的步骤如下:

第 1 步:打开 Word 2010 文档窗口,将光标定位到准备插入图片的位置,然后切换到"插入"功能区,单击"图片"选项,打开"插入图片"窗口,选择图片插入即可。

第 2 步:插入图片后,会出现"图片工具格式"选项组,如图 3-7 所示,可设置图片的各种效果。

图 3-7 "图片工具"选项组

5)页面背景设置

在 Word 2010 中,在"页面布局"选项卡下的"页面背景"选项区中可以设置文档的水印、页面颜色和页面边框效果。

(1)页面边框设置步骤如下:

单击"页面布局"选项卡,在"页面背景"选项区中单击"页面边框"选项,可设置页面边框和底纹,如图 3-8 所示。

图 3-8 "边框和底纹"对话框

(2)页面颜色设置步骤如下:

单击"页面布局"选项卡,在"页面背景"选项区中单击"页面颜色"选项,如图 3-9 所示,可以设置页面背景色,单击"页面颜色"下拉菜单中的"填充效果"链接,可以设置页面的渐变色背景、纹理背景或图片背景等,如图 3-10 所示。

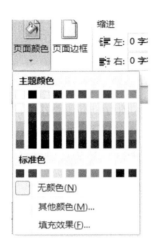

图 3-9 "页面颜色"选项

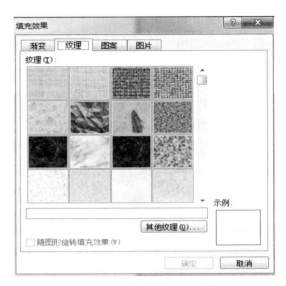

图 3-10 "填充效果"对话框

（3）水印设置步骤如下：

单击"页面布局"选项卡，在"页面背景"选项区中单击"水印"选项，在打开的水印面板中选择合适的水印即可，如图 3-11 所示。如果需要删除已经插入的水印，则再次单击水印面板，并单击"删除水印"按钮即可。

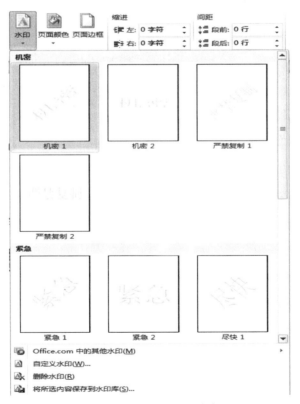

图 3-11 选择要插入的水印

在打开的水印面板中单击"自定义水印"链接,打开自定义水印对话框,如图 3-12 所示,可以自定义图片水印或文字水印背景。

图 3-12 自定义水印对话框

【任务实现】

任务1:导入多个文档,清除文档原有格式

1. 任务描述

把"电脑艺术设计(专)""计算机科学与技术(本)"和"电子信息工程(本)"专业介绍导入到一个空文档中,清除原有格式。

2. 操作步骤

(1)启动 Word 2010,创建一个空白文档,单击"插入"选项,在"文本"选项区中单击"对象"旁边的小三角,在弹出的菜单中单击"文件中的文字",出现对话框如图 3-13 所示。

图 3-13 "插入文件"对话框

按住 Ctrl 键依次选中三个文档，如图 3-14 所示，单击"插入"按钮，完成文档导入。

图 3-14　导入文档

（2）单击"开始"选项，在"编辑"选项区中单击"选择"旁边的小三角命令或通过"Ctrl + A"快捷键或在选定区三击鼠标左键，选中全部内容，在"样式"选项区中，单击"显示样式"命令，打开"样式"窗口，如图 3-15 所示，在"样式"窗口列表中单击"全部清除"按钮即可清除原有格式。

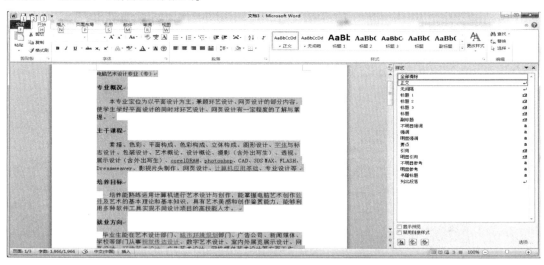

图 3-15　"样式"窗口

任务2：设置样式，统一排版

1. 任务描述

设置标题的格式，对三个文档进行统一格式操作。

2. 操作步骤

(1) 在"样式"窗口列表中对"标题1"样式进行修改，用鼠标右键单击"标题1"，单击"修改"按钮，出现对话框如图3-16所示。设置字体为"宋体，四号，居中对齐，加粗"，在"修改样式"对话框中单击"格式"→"段落"命令，对话框如图3-17所示。设置"缩进左右为0，无特殊格式，段前段后均为0，行距为1.5倍"，单击"确定"按钮完成。同理，设置"标题2"样式，设置为"黑体，小四，左对齐，段前段后均为0，行距1.5倍"。同理，设置"正文"样式，设置为"宋体，五号，左对齐，首行缩进2字符，行距1.5倍，段前段后均为0"，如图3-18所示。

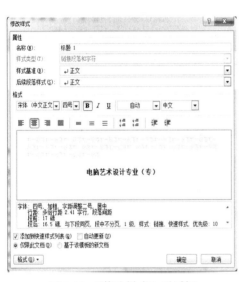

图3-16 "修改样式"对话框

图3-17 "段落"对话框

(2) 选中"电脑艺术设计专业（专）""电子信息工程专业（本）"和"计算机科学与技术专业（本）"三个文档，单击"样式"窗口中的"标题1"，使其应用于所选的内容上。

(3) 选中三个文档中的"专业概况""主干课程""培养目标"和"就业方向"，单击"样式"窗口中的"标题2"，使其应用于所选的内容上。

(4) 选中三个文档的正文，单击"样式"窗口中的中的"正文"，使其应用于所选的内容上，其效果如图3-19所示。

图 3-18　设置格式　　　　　　　　　　　　　图 3-19　排版效果

任务 3：在文中插入图片，设置图片格式

1. 任务描述

根据内容插入相应的图片，使文档图文并茂，给出一张图片的插入说明，其他图片类似。

2. 操作步骤

（1）将光标插入到"电脑艺术设计专业（专）"文档的第三段末尾，这里将成为插入图片的基准点。

（2）单击"插入"选项，再单击"图片"选项按钮，打开"插入图片"窗口，打开窗口找到"素材"文件夹/"项目3"子文件夹，选择图片"艺术设计1.png"，单击"插入"按钮，此时图片出现在文档中。

（3）设置环绕方式。图片插入到文档中默认是嵌入方式进行环绕，现在修改它。单击图片，在出现的"图片工具格式"菜单中，单击"位置"选项下的三角，出现图3-20所示界面，在出现的列表中单击"其他布局选项"链接，则会打开"布局"对话框，单击"文字环绕"按钮，环绕方式设置如图 3-21 所示。选择"图片工具格式"菜单或者用鼠标右键单击图片，单击"设置图片格式"，打开"设置图片格式"对话框，可以设置图片的其他特征，如图 3-22 所示。

（4）同样的方式插入其他图片

在文档中插入图片时要注意几个方面：插入图片的大小要均匀，过大的图片要缩小，过小的图片要放大；图片放置的位置不要超出文本编辑区太多，否则打印文档时可能打印不出来。

图 3-20　位置列表

图 3-21 "布局"对话框　　　　　　　图 3-22 "设置图片格式"对话框

任务 4：设置页面背景，添加文字水印

1. 任务描述

给文档设置页面背景，添加文字水印。

2. 操作步骤

（1）单击"页面布局"选项，在"页面背景"选项区的"页面颜色"下拉列表中选择浅绿色背景，设置文档的浅绿色背景，如图 3-23 所示。

图 3-23 页面背景效果

(2) 单击"页面布局"选项,在"页面背景"选项区的"水印"下拉列表中选择"自定义水印",在弹出的对话框中选定"文字水印",设置"电信学院"文字水印效果,如图 3-24 所示。

图 3-24 文字水印效果

任务 5:对文档进行加密保护

1. 任务描述

为了保护文档的安全及防止文档泄密,可以对文档设置密码保护。

2. 操作步骤

(1) 单击"文件"选项,在"信息"选项区的"保护文档"下拉列表中选择"用密码进行加密",弹出的对话框如图 3-25 所示。输入密码确定后,弹出"确认密码"对话框,如图 3-26 所示,再输一遍密码即可完成文档加密操作。

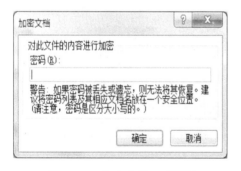   

图 3-25 "加密文档"对话框   图 3-26 "确认密码"对话框

（2）当打开文档时出现图 3-27 所示对话框，输入密码即可打开。

（3）当需删除密码时，单击"文件"菜单，在"信息"选项的"保护文档"下拉列表中选择"用密码进行加密"，弹出的对话框如图 3-28 所示，删除密码即可。

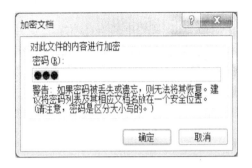

图 3-27　提示输入密码对话框图　　　　图 3-28　删除密码对话框

任务 6：文件的保存和文件的格式

1. 任务描述

在文档的编辑过程中随时要进行文档的保存，正确和快速地保存文档是经常性的工作。下面介绍文档的保存。

2. 操作步骤

（1）单击"文件"选项中的"另存为"命令，弹出的对话框如图 3-29 所示。

（2）设置保存位置，在"保存位置"对话框右边的下拉键上单击，在下拉列表中选择一个位置。

（3）在"文件名"文本框中输入文件名。

（4）单击"保存类型"组合框右边的下拉键，选择类型。

图 3-29　"另存为"对话框

注：保存文件的快捷键为"Ctrl+S"；文件的三要素：路径、文件名、类型。

【知识拓展】

1. 艺术字

在 Word 2010 文档中插入艺术字的步骤如下：

第 1 步：打开 Word 2010 文档窗口，将光标移动到准备插入艺术字的位置。在"插入"功能区中，单击"文本"分组中的"艺术字"按钮，并在打开的艺术字预设样式面板中选择合适的艺术字样式，如图 3-30 所示。

第 2 步：打开艺术字文字编辑框，如图 3-31 所示。直接输入艺术字文本即可。用户可以分别对输入的艺术字设置字体和字号。

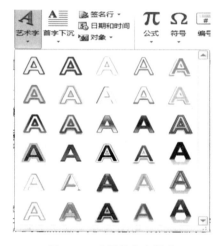
图 3-30 选择艺术字样式

图 3-31 编辑艺术字文本及格式

2. 数学公式

在数学、物理等学科中往往会出现各种公式符号，在 Word 2010 文档中插入数学公式的步骤如下：

第 1 步："插入"→"公式"下拉列表中列出了各种常用公式，如图 3-32 所示，可以直接选定应用。

第 2 步：若要创建自定义公式，可单击"插入"→"公式"→"插入新公式"命令，打开公式编辑工具，显示"在此处键入公式"控件，如图 3-33 所示。

第 3 步：利用公式编辑工具即可自定义设计各种公式，如图 3-34 所示。

第 5 步：单击公式控件右侧的下拉箭头，可将编辑好的公式另存为新公式，如图 3-35 所示。

第 6 步：以后再插入公式时，在下拉列表处将出现之前保存的公式，如图 3-36 所示。

图 3-32 公式列表

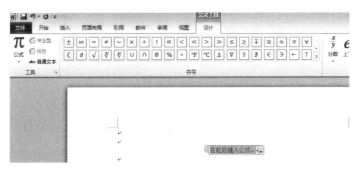

图 3-33　公式编辑区

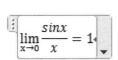

图 3-34　编辑公式　　　　　　图 3-35　保存新公式

图 3-36　显示新公式

3. 首字下沉

在 Word 2010 文档中设置首字下沉的步骤如下：

第 1 步：打开 Word 2010 文档窗口，将光标移动到需要设置首字下沉或悬挂的段落中。

第 2 步：单击"插入"选项卡，在"文本"选项中单击拍"首字下沉"按钮。

第 3 步：在"首字下沉"菜单中选择"首字下沉选项"命令。

第 4 步：在"首字下沉"对话框中选中"下沉"或"悬挂"选项，然后可以分别设置字体和下沉的行数，最后单击"确定"按钮即可，如图 3-37 所示。

图 3-37　"首字下沉"对话框

4. 模板的使用

在 Word 2010 中内置有多种用途的模板（例如书信模板、公文模板等），用户可以根据实际需要选择特定的模板新建 Word 文档，操作步骤如下：

第 1 步：打开 Word 2010 文档窗口，单击"文件"→"新建"按钮。

第 2 步：打开"新建文档"窗口，在右窗格"可用模板"列表中选择合适的模板，单击"创建"按钮即可。同时用户也可以在"Office.com 模板"区域选择合适的模板，并单击"下载"按钮，如图 3-38 所示。

图 3-38　模板窗口

【技能训练】

对素材中的文档进行排版，效果如图 3-39 所示。

图 3-39　效果示意

项目四

唐诗排版

【项目目标】

本项目的目标是对唐诗内容进行清除原有格式，分节，为不同节设置不同页眉、不同背景，统一页脚格式的排版操作。本项目合理使用排版工具和效果处理方法，把不同页面布局的文档生成格式美观的电子文档，效果如图4-1所示。

图4-1　唐诗排版效果

【需求分析】

将《行路难》和《关山月》两首唐诗置为一节，每行两句，页面居中对齐，将《将进酒》一节设置横排效果，分别设置不同的页眉、不同的背景，统一页码。

【方案设计】

1. 总体设计

灵活运用纵向和横向页面对分节的唐诗进行排版，为不同的节设置不同的效果，设置背景。

2. 任务分解

任务1：清除原有格式，插入分节符；

任务2：设置文字格式，标尺排版，设置边框；

任务3：字符替换与文本框编辑；

任务4：根据各节设置不同的页眉，统一页脚；

任务5：设置各节的不同背景。

3. 知识准备

1)页面设置

页面设置是指设置版面的纸张大小、页边距及页面方向等。

2)段落

段落是指文本、图形、对象或其他项目的集合。对段落内容可进行对齐方式设置、缩进设置、间距设置等。

3)行距

行距是指从一行文字的底部到另一行文字的底部的距离,它确定段落中各行的垂直距离。

4)文本框

文本框是 Word 中可以放置文本的容器,任何文档的内容只要被置于方框内,就可以随时被移动到页面的任意位置。文本框属于图形对象,可以对文本框设置各种边框格式、选择填充色、添加阴影等。

5)查找和替换

查找是在一个较长的文档中查找操作者输入的内容,它能快速进行搜索和定位,提高工作效率。替换也是在一个较长的文档中用新内容替换需要改正的内容,了解特殊符号的替换方法。

Word 2010 文档中查找、替换的步骤如下:

第 1 步:先打开文档,单击"开始"菜单上的"编辑"选项中的"替换"命令,你也可以直接按"Ctrl + H"快捷键来打开"替换"功能窗口。

第 2 步:在"查找内容"文本框中输入错别字。

第 3 步:在"替换为"文本框中输入正确的字。

第 4 步:单击"全部替换"按钮,此时,文中所有错别字已经全部替换成正确的字了,如图 4-2 所示。

图 4-2 "查找和替换"对话框

还可以进行更多选项替换,单击"更多"按钮即可以替换那些键盘上没有的符号,如把"手动换行符"替换为"段落标记符"。

6)分节

分节符可以将整篇文档分成不同节,以方便不同节的个性化设置。

在 Word 2010 文档中插入分节符的步骤如下:

第1步：打开 Word 2010 文档窗口，将光标定位到准备插入分节符的位置，然后切换到"页面布局"功能区，在"页面设置"分组中单击"分隔符"按钮，如图 4-3 所示。

第2步：在打开的"分隔符"列表中，"分节符"区域列出 4 种不同类型的分节符，如图 4-4 所示。

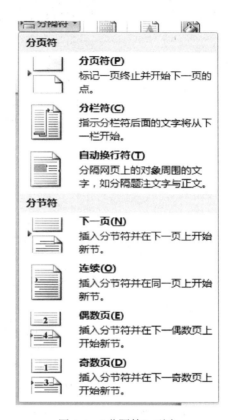

图 4-3 "分隔符"按钮　　　　图 4-4 "分隔符"列表

"下一页"：插入分节符并在下一页上开始新节；
"连续"：插入分节符并在同一页上开始新节；
"偶数页"：插入分节符并在下一偶数页上开始新节；
"奇数页"：插入分节符并在下一奇数页上开始新节。
选择合适的分节符即可。

7）页眉页脚

页眉页脚是页面的两个特殊区域，页眉是文档中每个页面的顶部区域，常用于显示文档的附加信息，可以插入时间、图形、公司徽标、文档标题、文件名或作者姓名等。页脚是文档中每个页面底部的区域，常用于显示文档的附加信息，也可以在页脚中插入文本或图形，例如页码、日期、公司徽标、文档标题、文件名或作者姓名等，这些信息通常打印在文档中每页的底部。

在 Word 2010 文档中设置页眉/页脚的步骤如下：

第1步：打开 Word 2010 文档窗口，将光标定位到准备插入页眉/页脚的位置，然后切换到"插入"功能区,在"页眉和页脚"分组中可以找到"页眉""页脚"选项按钮,如图4-5所示。

第2步:单击"页眉"下的小三角,可以打开"页眉"列表,选定一种页眉格式,单击"编辑页眉"命令,即可进行页眉设置,同理可设置页脚,如图4-6所示。

图4-5 页眉/页脚选项区

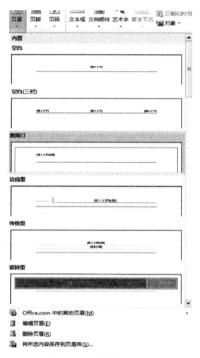

图4-6 "页眉"列表

【任务实现】

任务1:清除原有格式,插入分节符

1. 任务描述

导入"唐诗_流程图.doc"文件,对文档的内容进行格式清除。唐诗《行路难》和《关山月》页面纵向设置,置于第一节;唐诗《将进酒》页面横向设置,置于第二节。

2. 操作步骤

(1) 打开素材文件"唐诗_流程图.doc",全选内容(或利用"Ctrl + A"快捷键),单击"开始"选项卡,在功能区中(图4-7)右下角的三角形上单击,然后出现图4-8所示界面,选择"清除格式"命令,即可清除所有格式。

图 4-7 格式功能区

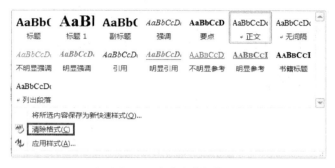

图 4-8 清除格式操作

（2）将光标置于唐诗《行路难》和《关山月》之后，选择"页面布局"选项卡，单击"分隔符"按钮，选择"分节符"组中的"下一页"选项，如图 4-9 所示，即可插入分节符。

（3）把光标置于《将进酒》一节中，选择"页面布局"选项卡（4-10），单击"页面布局"选项卡右下方的 按钮，出现图 4-11 所示的对话框，选择纸张方向为"横向"，应用于"本节"，其他选项默认。

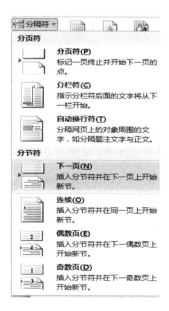

图 4-9 "分隔符"对话框

图 4-10 "页面布局"选项卡

图 4-11 "页面设置"对话框

任务 2：设置文字格式，标尺排版，设置边框

1. 任务描述

将《行路难》和《关山月》两首唐诗置于第一节，每行两句，按诗行体进行排版。

2. 操作步骤

（1）选中唐诗标题《行路难》，在“开始”选项卡中设置文字为“黑体，一号，居中”，工具栏如图 4-12 所示，同理设置作者文字为“仿宋_GB2312、四号，居中”。

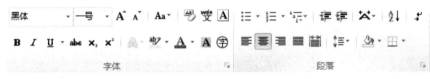

图 4-12 设置字体工具栏

（2）选中唐诗《行路难》诗句，设置诗句文字为“仿宋_GB2312，三号”，拖动标尺“左缩进”和“右缩进”，使《行路难》诗句形成一行两句的效果，如图 4-13 所示。

（3）选中唐诗《关山月》，设置诗句文字为“黑体，一号，居中”，设置作者文字为“仿宋_GB2312、四号，居中”。

（4）选中唐诗《关山月》诗句，设置诗句文字为“仿宋_GB2312，三号”，拖动标尺“左缩进”和“右缩进”，形成一行两句的效果，如图 4-14 所示。

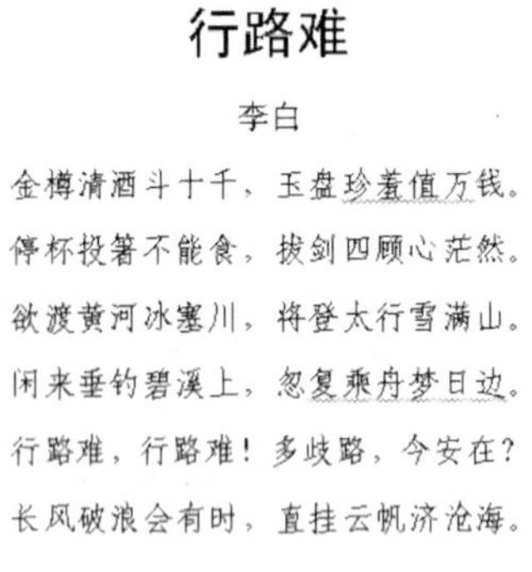

行路难

李白

金樽清酒斗十千、玉盘珍羞值万钱。
停杯投箸不能食，拔剑四顾心茫然。
欲渡黄河冰塞川，将登太行雪满山。
闲来垂钓碧溪上，忽复乘舟梦日边。
行路难，行路难！多歧路，今安在？
长风破浪会有时，直挂云帆济沧海。

图 4-13 《行路难》诗句排版效果

关山月

李白

明月出天山，苍茫云海间。
长风几万里，吹度玉门关。
汉下白登道，胡窥青海湾。
由来征战地，不见有人还。
戍客望边邑，思归多苦颜。
高楼当此夜，叹息未应闲。

图 4-14 《关山月》诗句排版效果

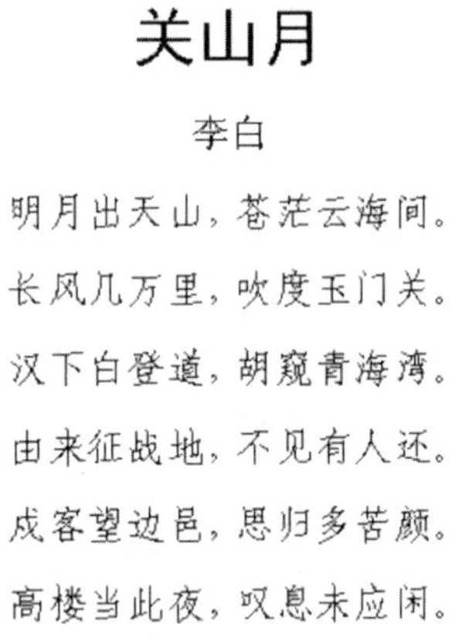

（5）将鼠标置于第一节，选择“页面布局”选项卡，选择“页面边框”命令，弹出“边框和底纹”对话框，选择“页面边框”选项卡，如图 4-15 所示，设置边框的线型、颜色、宽度，在“应用于”下拉菜单中选择“本节”，单击“确定”按钮，边框设置完成。效果如图 4-16 所示。

图 4-15　页面边框设置对话框

图 4-16　《行路难》和《关山月》排版效果

任务 3：字符替换与文本框编辑

1. 任务描述

把文中的"手动换行符"替换成"段落标记"，将唐诗《将进酒》插入到竖排文本框中，设置字体及文本框的背景图案。

2. 操作步骤

（1）选中第二节唐诗《将进酒》的所有内容，单击"开始"选项卡的最右侧处，选择"替换"命令，如图4-17所示，单击"更多"按钮，如图4-18所示，在"查找内容"中选择特殊字符"手动换行符"，在替换栏中选择输入特殊字符"段落标记"，单击"全部替换"按钮，完成替换。

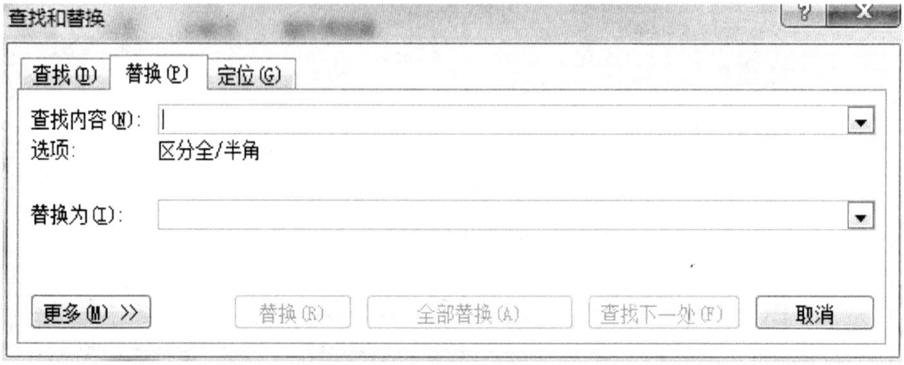

图4-17 "替换"对话框

图4-18 设置查找和替换字符

（2）选中唐诗《将进酒》的内容，单击"插入"选项卡，如图4-19所示，单击"文本框"选项，出现图4-20所示界面，选择"绘制竖排文本框"选项，效果如图4-21所示。

图4-19 "插入"工具栏

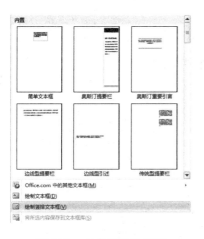

图 4-20　文本框设置界面

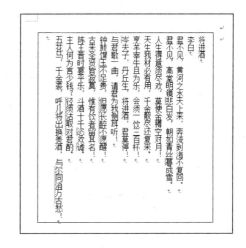

图 4-21　设置文本框效果

（3）设置文本框的大小。双击文本框边框位置，出现"绘图格式"选项卡功能区，如图 4-22 所示，在功能区中找到"大小"选项，单击，出现图 4-23 所示对话框，设置高度为 12 厘米，宽度为 22 厘米。

图 4-22　"文本框工具"的"格式"选项卡

图 4-23　设置文本框大小的对话框

(4) 设置文本框的填充效果。在图 4-24 所示的对话框中选择"颜色与线条"选项卡，在填充颜色框中选择"填充效果"命令，在"填充效果"对话框中选择"白色大理石"，如图 4-24 所示，线条颜色选择"蓝色"，线型选择"3 磅"如图 4-25 所示，选择"版式"选项卡，在"水平对齐方式"中选择"居中"按钮，如图 4-26 所示。

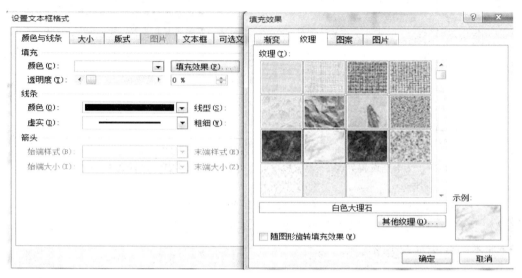

图 4-24　设置文本框填充颜色的对话框

图 4-25　设置文本框线条颜色及线型的对话框

图 4-26　设置版式及对齐方式的对话框

(5) 选中"将进酒"，设置为"黑体，二号，蓝色，居中对齐"，将作者姓名设置为"宋体，三号，蓝色，居中对齐"，将诗句设置为"隶书，三号，红色"。选中诗句内容，在出现的"文本框工具"的"格式"选项卡中进行设置，如图 4-27 所示。

(6) 单击"段落"右侧的小箭头，出现图 4-28 所示对话框，设置"段前、段后为 0.5 行，单倍行距"，单击"确定"按钮完成，效果如图 4-29 所示。

图 4-27 "文本框工具"的"格式"选项卡

图 4-28 段落设置对话框

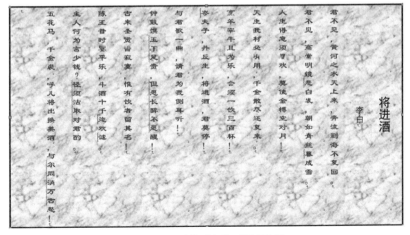

图 4-29 《将进酒》排版效果

任务4：根据各节设置不同的页眉，统一页脚

1. 任务描述

针对每一节设置不同的页眉，页脚格式统一。

2. 操作步骤

（1）将光标放在文档的第一节，单击"插入"选项，选择"页眉"命令下的三角按钮，如图4-30所示，单击"编辑页眉"命令，输入页眉内容"行路难 关山月"，如图4-31所示。

（2）将光标放在第二节，单击"插入"菜单，选择"页眉"命令，单击"编辑页眉"选项，单击"链接到前一个"按钮，取消链接功能，如图4-32所示，输入页眉内容"将进酒"，如图4-33所示。

图4-30　页眉选项

图4-31　"行路难 关山月"页眉

图4-32　页眉/页脚工具

图4-33　"将进酒"页眉

(3) 将光标放在第一节,单击"插入"菜单,选择"页脚"命令,单击"编辑页脚"选项,单击"页码"选项的下拉三角按钮,选择"设置页码格式",出现"页码格式"对话框,设置如图 4-34 所示,单击"确定"按钮,重新单击"页码"选项的下拉三角按钮,选择"页面底端"中的第二种,如图 4-35 所示,插入连续页脚。

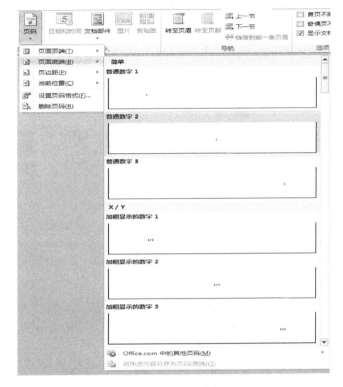

图 4-34　插入页码格式　　　　　　图 4-35　页码列表

任务 5:设置各节的不同背景

1. 任务描述

有两个不同的图形文件,把它们设置为每一节的水印背景。

2. 操作步骤

(1) 用鼠标双击第一节的页眉,激活页眉编辑,单击"插入"选项,选择"图片"命令,选择"素材"文件夹→"项目 4"子文件夹中的图片"唐诗 1.jpg",单击"插入"按钮,将图片插入到文档中,单击"图片工具格式",在"颜色"选项下拉列表中选定"重新着色"区的"冲蚀",如图 4-36 所示,在"位置"选项下拉列表中选定"其他布局选项"→"文字环绕"→"衬于文字下方"命令,如图 4-37 所示,单击"确定"按钮完成,移动图片到页面中心位置,效果如图 4-38 所示。

(2) 用鼠标双击第二节的页眉,激活页眉编辑,单击"插入"选项,选择"图片"命令,选择"素材"文件夹→"项目 4"子文件夹中的图片"唐诗 2.jpg",单击"插入"按钮,将图片插入到文档中,单击"图片工具格式",在"颜色"选项下拉列表中选定"重新

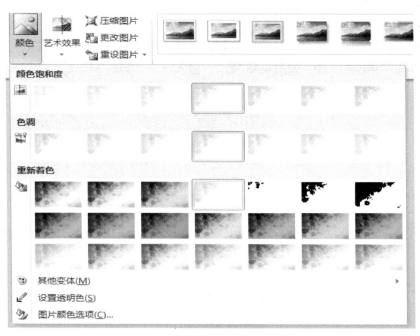

图 4-36 颜色选项区

图 4-37 "布局"对话框

着色"区的"冲蚀",在"位置"选项下拉列表中选定"其他布局选项"→"文字环绕"→"衬于文字下方"命令,单击"确定"按钮完成,移动图片到页面中心位置,效果如图 4-39 所示。

项目四 唐诗排版

图 4-38 《行路难》《关山月》排版效果

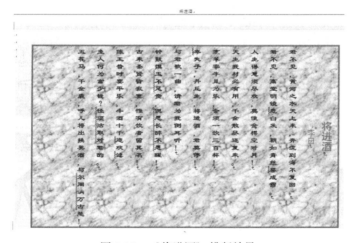

图 4-39 《将进酒》排版效果

【知识拓展】

1. 标尺的应用

标尺用来对齐图片或制作不规则的 Word 内表格十分方便。在 Word 2010 中，一般打开 Word 文档或新建 Word 2010 文档时，是没有标尺出现的。并不是微软没有在 Word 2010 中提供标尺，而是在默认状况下标尺是隐藏的。

在 Word 2010 中打开标尺，只要按住屏幕右侧滚动条上方的标尺按钮就可以显示标尺。

水平标尺和垂直标尺会同时出现在 Word 窗口中。而在不需要的时候可以再按标尺按钮将标尺关闭。

在水平标尺上有几个特殊的小滑块用来调整段落的缩进量，如图 4-40 所示。

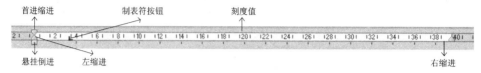

图 4-40 标尺工具栏

各滑块的功能如下：
（1）"制表符按钮"滑块：制表位的设置标志。
（2）"悬挂缩进"滑块：控制所选段落除第一行以外的其他行相对于左页边距的缩进量。
（3）"首行缩进"滑块：控制所选段落的第一行相对于左页边距的缩进量。
（4）"左缩进"滑块：控制段落相对于左页边距的缩进量。
（5）"右缩进"滑块：控制段落相对于右页边距的缩进量。
（6）"刻度值"滑块：标记文档中的水平位置。

用水平标尺进行缩进设置时的操作步骤如下：
（1）选中要对其进行缩进设置的段落。
（2）用鼠标单击并拖动所需要的滑块，即可完成所选段落的缩进设置。

2. 书签的使用

书签主要用于帮助用户在 Word 长文档中快速定位至特定位置，或者引用同一文档（也可以是不同文档）中的特定文字。在 Word 2010 文档中，文本、段落、图形/图片、标题等都可以添加书签，文档中添加了书签后就可以使用书签来进行定位了。操作步骤如下：

（1）用鼠标选中希望注上标记的文本，可以是标题、段落、图片等，也可以将光标定位于需要插入书签的位置，单击"插入"选项卡，在功能区中选择"书签"命令，如图 4-41 所示。

（2）在文档中添加书签后，书签的定位操作是：打开添加了书签的文档，切换到"插入"选项卡，在功能区的"链接"分组中单击"书签"按钮；打开"书签"对话框，在书签列表中选中合适的书签，并单击"定位"按钮，如图 4-42 所示。

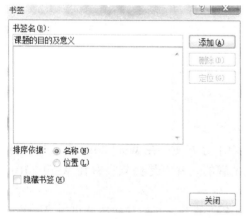
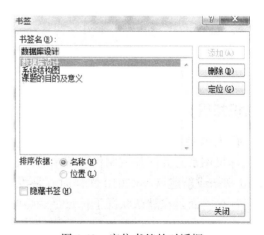

图 4-41 添加书签的对话框　　　　图 4-42 定位书签的对话框

3. 查找和替换

为了快速修正文档编辑错误，可以使用查找和替换功能。

Word 2010 文档中查找和替换的步骤见本项目的"知识准备"部分。

4. 透视阴影

对于文档中的自选图形、文本框、艺术字，甚至图示中的组成图框等对象，通过透视阴影或三维旋转的设置，可以使它们的立体效果更加丰富。

添加透视阴影的操作步骤如下：

（1）打开文档窗口，选中需要设置阴影的自选图形。

（2）在自动打开的"绘图工具"→"格式"功能区中单击"形状样式"分组中的"形状效果"按钮，并在打开的列表中指向"阴影"选项，然后在打开的阴影面板中选择合适的阴影效果，如选择"透视"分组中的"左上角透视"选项，如图 4-43 所示。

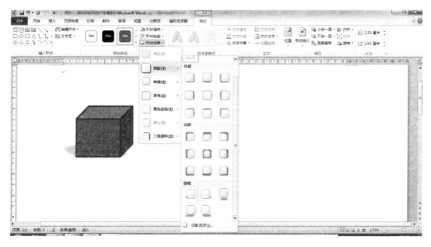

图 4-43 "左上角透视"选项

如果用户需要对自选图形的阴影效果进行更高级的设置，可以在阴影面板中选择"阴影选项"命令，在打开的"设置形状格式"对话框中，用户可以对阴影进行"透明度""大小""颜色""角度"等多种设置，以实现更为合适的阴影效果，如图 4-44 所示。

图 4-44 阴影设置对话框

5. 三维旋转

通过为文档中的自选图形设置三维旋转，可以使自选图形呈现立体旋转的效果。无论是本身已经具备三维效果的立体图形（如立方体、圆柱体），还是平面图形，均可以实现平行、透视和倾斜三种形式的三维旋转效果，具体操作步骤如下：

第1步：打开 Word 文档窗口，选中需要设置三维旋转的自选图形。

第2步：在自动打开的"绘图工具"→"格式"功能区中单击"形状样式"分组中的"形状效果"按钮，并在打开的列表中指向"三维旋转"选项，然后在打开的三维旋转面板中选择合适的三维旋转效果，如选择"平行"分组中的"等轴右上"选项，如图4-45所示。

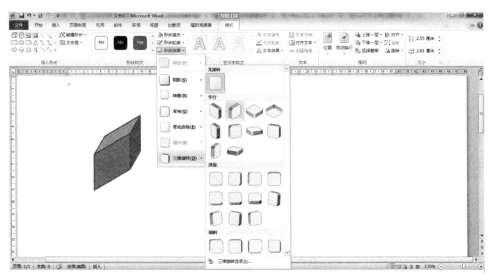

图 4-45 "等轴右上"选项

如果用户需要对自选图形进行更高级的三维旋转设置，可以在三维旋转面板中选择"三维旋转选项"命令，在打开的"设置形状格式"对话框中，用户可以针对 X、Y、Z 三个中心轴进一步设置旋转角度，如图4-46所示。

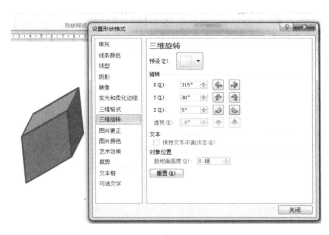

图 4-46 三维旋转设置对话框

【技能训练】

打开素材,设置诗句效果,如图 4-47 所示。

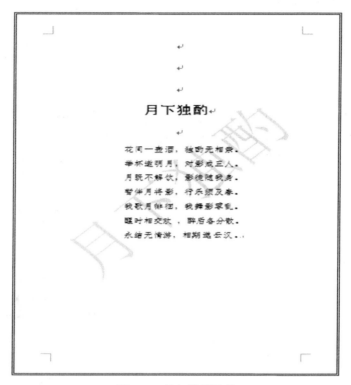

图 4-47 诗句效果示意

项目五

自选图形的绘制

【项目目标】

项目的目标是对 Word 2010 中的自选图形进行操作,如利用自选图形来制作精美的图案、绘制组织结构图及教学质量督导流程图。通过一些具体的案例让学生掌握 Word 2010 的图形操作,合理使用工具和效果处理方法,生成格式美观的电子文档,效果如图 5-1 所示。

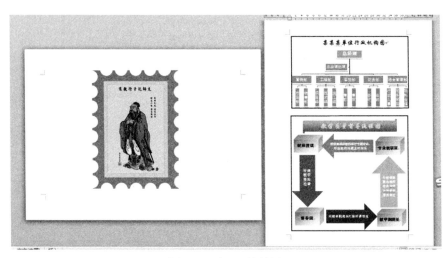

图 5-1　项目五效果图

【需求分析】

利用 Word 2010 所提供的图形工具进行图形的设计与绘制,让学生熟练掌握 Word 2010 所提供的强大的图形处理能力。

【方案设计】

1. 总体设计

利用 Word 2010 所提供的图形工具进行图形的设计与绘制,让学生熟练掌握 Word 2010 所提供的强大的图形处理能力。

2. 任务分解

任务 1:新建文档,进行页面设置;

任务 2:绘制一枚邮票;

任务 3:绘制"某某单位行政机构图";

任务 4:绘制"教学质量督导流程图";

任务5：保存文档。

3．知识准备

1）页面设置

页面设置是指设置版面的纸张大小、页边距及页面方向等。

2）自选图形

自选图形是 Word 2010 提供的一种矢量图工具，自选图形中的图形可以自由组合，从而绘制出精美的图案。

【任务实现】

任务1：新建文档，进行页面设置

1．任务描述

新建 Word 文档，进行页面的设置，通过分节符将 Word 文档分成多个部分。

2．操作步骤

（1）启动 Word 2010 后，系统会自动建立名为"文档1"的文件，将光标置于文档的首位，单击"页面布局"选项卡，在"页面设置"功能区中单击"分隔符"，选择"下一页"项，如图 5-2 所示。

（2）将光标置于第一节中的任意位置，选择"页面布局"选项卡，在"页面设置"功能区中选择"纸张方向"中的"横向"，如图 5-3 所示。

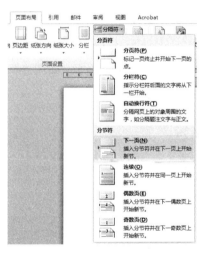

图 5-2　分节操作

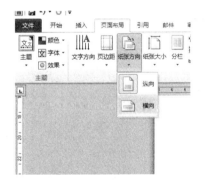

图 5-3　设置纸张方向

任务2：绘制一枚邮票

1．任务描述

用 Word 2010 中的自选图形绘制一枚邮票。

2. 操作步骤

（1）将光标定位到 Word 文档的第 1 页，接下来在空白的页面上绘制邮票。单击"插入"菜单，选择"形状"选项，如图 5-4 所示。

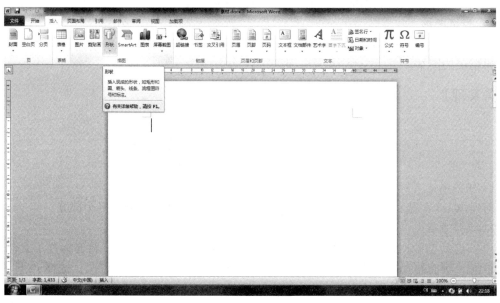

图 5-4　插入形状

（2）在形状库中选择"矩形"，在空白页面上绘制一个矩形，"形状填充"颜色为浅灰色（也可用其他颜色），将"形状轮廓"设为无轮廓，如图 5-5 所示。

（3）在形状库中选择"椭圆"，按住键盘上的 Shift 键，先绘制一个小圆，接着复制一些大小相同的小圆，具体可先选择第一个圆，同时按住 Shift 键与 Ctrl 键，并按住鼠标左键拖动到适合位置，松开键盘与鼠标，再按 F4 键就可以进行等距离复制了，如图 5-6 所示。当然也可以采用对齐和横向或纵向分布方式实现均匀的复制。

图 5-5　绘制矩形边框

图 5-6　绘制矩形边框的锯齿效果

（4）绘制好差不多的小圆后，对小圆的格式进行设置，先选择"绘图工具"→"格式"选项卡，单击"排列"功能区中的"选择窗格"，展开"图形选择"对话框，按住 Ctrl 键，选择所有椭圆，如图 5-7 所示。选择好之后，将所有椭圆对角组合起来，然后设置其"形状填充"为白色，设置其"形状轮廓"为列轮廓，然后移动到合适位置，其效果如图 5-8 所示。

项目五　自选图形的绘制

图 5-7　小圆选择对话框

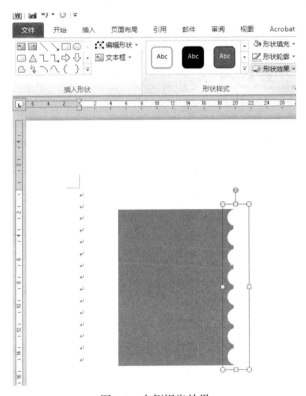

图 5-8　右侧锯齿效果

（5）用同样的方法绘制左侧、上部、下部的锯齿，或使用复制右侧到左侧，复制右侧并旋转 90°的方法进行上部和下部的操作。再将矩形与 4 个锯齿图形组合起来，效果如图 5-9 所示。

- 75 -

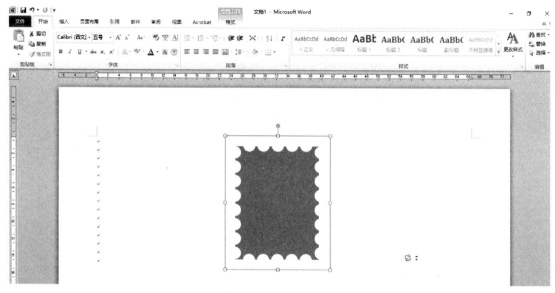

图 5-9　邮票形状效果

（6）填入邮票主图。执行"插入"选项卡，在"插图"功能区中选择"图片"选项，如图 5-10 所示。

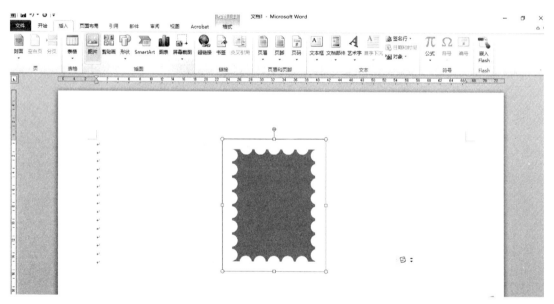

图 5-10　插入图片

在弹出的"插入图片"对话框中找到素材中给定的"邮票素材.jpg"，单击"插入"按钮，如图 5-11 所示。

将图片"位置"设置为"中间居中，四周型文字环绕"，如图 5-12 所示。

将图片调整到合适大小，并与矩形左右居中对齐，上下居中对齐，并组合成一个图形，图 5-13 所示。

项目五 自选图形的绘制

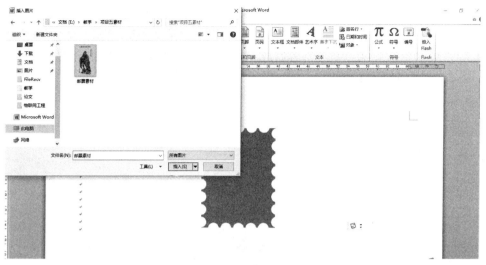

图 5-11 "插入图片"对话框

图 5-12 图片"中间居中,四周型文字环绕"

图 5-13 邮票效果

（7）为邮票添加面额，单击"插入"选项卡，在"插图"功能区中选择"形状"，找到"文本框"插入到文件中，输入"60分"，设置字体大小，设置文本框"形状填充"为"无"，"形状轮廓"为"无"，然后放入邮票右下角位置，最后组合起来，邮票的制作就完成了。效果如图5-14所示。

图5-14 邮票整体效果

任务3：绘制"某某单位行政机构图"

1. 任务描述

用组织结构图描述某某单位行政机构。

2. 操作步骤

（1）单击"插入"选项卡，选择选项卡中"SmartArt"命令，如图5-15所示，在"选择SmartArt图形"对话框中选择"层次结构"，然后在右侧选择"组织结构图"，单击"确定"按钮，出现图5-16所示效果图。

（2）输入文本"总经理""总经理助理""营销部""工程部""客服部"，如图5-17所示。

（3）选择"总经理"组织框，如图5-18所示，在"SmartArt工具"→"设计"选项卡的工具栏中选择"添加形状"→"在下方添加形状"命令，出现图5-19所示效果图。

（4）输入文本"财务部"，同理，设置"总经理"组织框下属的"综合管理部"，设置"营销部"组织框下属的"市场部""销售部"，设置"工程部"组织框下属的"项目组""技术组""施工组"，设置"客服部"组织框下属的"售前""售后"，设置"财务部"组织框下属的"会计""出纳"，设置"综合管理部"组织框下属的"行政人事""商务采购""物料仓储"，如图5-20所示。

项目五 自选图形的绘制

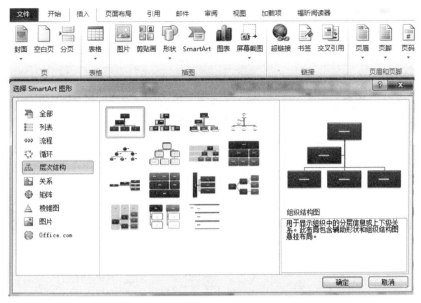

图 5-15 "选择 SmartArt 图形"对话框

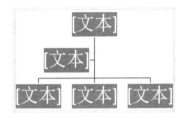

图 5-16 组织结构图插入效果

图 5-17 添加文字效果

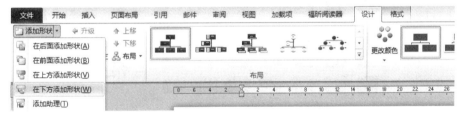

图 5-18 添加形状

图 5-19 添加"总经理"下属的效果

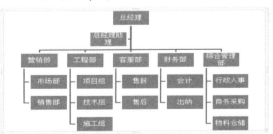

图 5-20 未美化的结构组织图

- 79 -

（5）选中组织图中的"营销部""工程部""客服部""财务部"和"综合管理部"，然后在"SmartArt 工具"→"设计"选项卡的工具栏中选择"布局"→"标准"命令来调整布局，如图 5-21 所示。

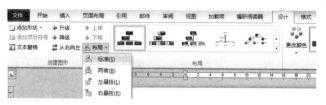

图 5-21　调整组织结构图的布局

（6）根据需要，利用图 5-22 所示的工具调整各个组织框的大小（高度与宽度）。

图 5-22　"SmartArt 工具"→"格式"工具栏

（7）利用图 5-23 所示的"形状样式"工具为相应的组织框设计边框及配色方案。整体组织结构图的效果如图 5-24 所示。美化后的效果如图 5-24 所示。

图 5-23　"形状样式"工具

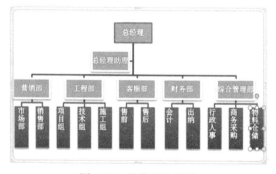

图 5-24　美化后的效果

任务4：绘制"教学质量督导流程图"

1. 任务描述

用形状绘制"教学质量督导流程图"。

2. 操作步骤

(1) 单击"插入"选项卡中的"形状"，选择"星与旗帜"→"横卷形"项，单击鼠标右键选择"添加文字"为"教学质量督导流程图"，设置文字为"黑体，小一，加粗，居中，绿色"，在图5-25所示的"绘图工具"中单击"形状轮廓"为"无轮廓"。

图5-25 "绘图工具"→"格式"工具栏

(2) 单击"形状填充"→"渐变"→"其他渐变"项，然后在出现的对话框中选择"填充"→"渐变填充"，单击"预设颜色"旁边的小箭头，然后选择"碧海青天"，如图5-26所示。效果如图5-27所示。

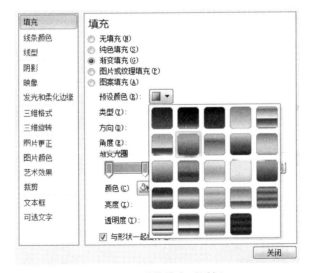

图5-26 形状填充对话框

图5-27 "横卷形"图形

（3）单击"插入"选项卡中的"形状",选择"基本形状"中的"立方体"图形,单击鼠标右键添加文字"教师授课",如图5-28所示,然后单击鼠标右键选择"设置形状格式",出现图5-29所示对话框,在此对话框中设置形状的相关属性。单击"插入"选项卡中的"形状",选择"箭头总汇"中的"下箭头"命令,添加文字"听课""教学资料检查",进行形状属性的设置,如图5-30所示。

图5-28 为立方体添加文字效果

图5-29 "设置形状格式"对话框

图5-30 "下箭头"效果

（4）同理,编辑其他图形,整体效果如图5-31所示。

（5）"某某单位行政机构图"和"教学质量督导流程图"整体效果如图5-32所示。

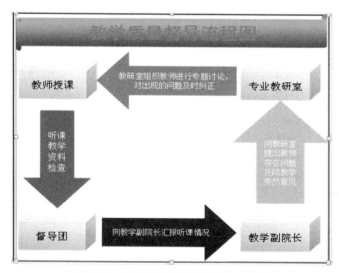

图5-31 "教学质量督导流程图"效果

项目五　自选图形的绘制

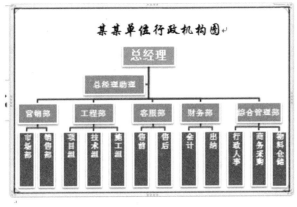

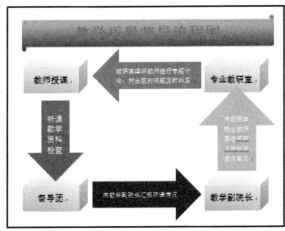

图 5-32　整体效果图

任务5：保存文档

1. 任务描述

在文档的编辑过程中随时要进行文档的保存，正确和快速地保存文档是经常性的工作。

2. 操作步骤

（1）单击"文件"菜单，选择"另存为"命令。

（2）设置保存位置，在"保存位置"对话框右边的下拉列表中选择位置"桌面"。

（3）在"文件名"文本框中输入文件名"自选图形绘制.docx"。

（4）"保存类型"为"Word 文档（*.docx）"。

【知识拓展】

1. 透视阴影

对于文档中的自选图形、文本框、艺术字，甚至图示中的组成图框等对象，通过透视阴影或三维旋转的设置，可以使它们的立体效果更加丰富。

添加透视阴影的操作步骤如下：

（1）打开文档窗口，选中需要设置阴影的自选图形。

（2）在自动打开的"绘图工具"→"格式"功能区中单击"形状样式"分组中的"形状效果"按钮，并在打开的列表中指向"阴影"选项。然后在打开的阴影面板中选择合适的阴影效果，如选择"透视"分组中的"左上角透视"选项，如图5-33所示。

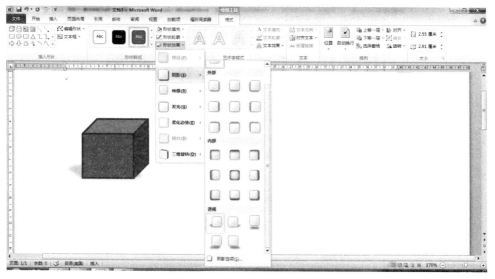

图 5-33 "左上角透视"选项

如果用户需要对自选图形的阴影效果进行更高级的设置，可以在阴影面板中选择"阴影选项"命令，在打开的"设置形状格式"对话框中，用户可以对阴影进行"透明度""大小""颜色""角度"等多种设置，以实现更为合适的阴影效果，如图5-34所示。

图 5-34 阴影设置对话框

2．三维旋转

通过为文档中的自选图形设置三维旋转，可以使自选图形呈现立体旋转的效果。无论是本身已经具备三维效果的立体图形（如立方体、圆柱体），还是平面图形，均可以实现平行、透视和倾斜三种形式的三维旋转效果。具体操作步骤如下：

第1步：打开文档窗口，选中需要设置三维旋转的自选图形。

第2步：在自动打开的"绘图工具"→"格式"功能区中单击"形状样式"分组中的"形状效果"按钮，并在打开的列表中指向"三维旋转"选项。然后在打开的三维旋转面板中选择合适的三维旋转效果，如选择"平行"分组中的"等轴右上"选项，如图5-35所示。

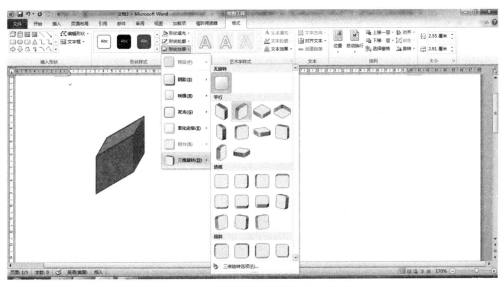

图 5-35　三维旋转"等轴右上"选项

如果用户需要对自选图形进行更高级的三维旋转设置，可以在三维旋转面板中选择"三维旋转选项"命令，在打开的"设置形状格式"对话框中，用户可以针对 X、Y、Z 三个中心轴进一步设置旋转角度，如图 5-36 所示。

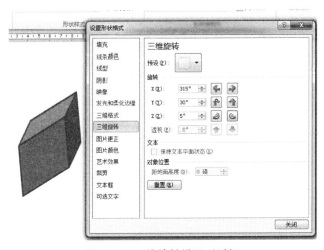

图 5-36　三维旋转设置对话框

【技能训练】

(1) 绘制"新生报到流程图",效果如图 5-37 所示。

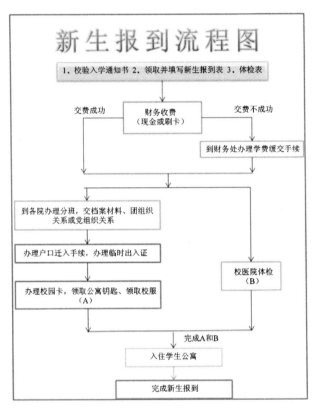

图 5-37 "新生报到流程图"效果

(2) 学校要举办"创新文化节"活动,请对文字描述和图片展示合理排版,进行宣传,同时用自选图形绘制活动流程图。

项目六

试卷模板的制作

【项目目标】

　　学校在学期末会进行期末考试，对学生在这个学期所学的课程的掌握程度进行考核。教务管理人员会给每位教师发送一个样卷要求，使考试试卷格式统一。本项目就是按照样式统一格式，合理使用排版工具和方法快速排版编制试卷模板，其效果如图6-1所示。

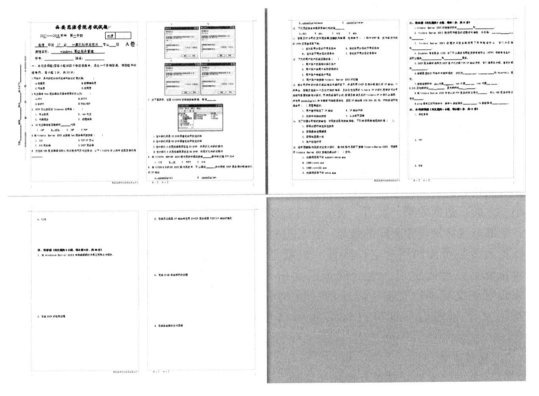

图6-1　试卷效果

【需求分析】

　　试卷的尺寸有统一的要求，首先设置页面大小为横版A3，尺寸一般是297 mm（宽）×420 mm（高），左边距为40 mm，右边距为20 mm，上下边距为20 mm，且通常分成左、右两部分，所以要对其进行分栏排版，最后结合水印、文本框进行特殊格式的排版。下面以A3纸张大小进行试卷排版。

【方案设计】

1. 总体设计

首先建立一个空的文档,按照试卷的要求设置页面,输入试卷题头及考题内容,并对输入的内容进行格式设置。

2. 任务分解

任务1:页面设置;

任务2:制作密封线;

任务3:输入试卷题头信息;

任务4:输入试卷内容并分栏;

任务5:制作边框与个性化页脚;

任务6:添加水印及隐藏答案;

任务7:将试卷保存为模板;

任务8:将考题快速发送到 PowerPoint 2010。

【任务实现】

任务1:页面设置

1. 任务描述

设置页面是文档的基本排版操作,是页面格式化的主要任务,它反映的是文档中相同内容、格式的设置,所以在文档的段落、字符等排版之前进行设置。

页面设置的合理与否直接关系到文档的打印效果。文档的页面设置主要包括设置页面的大小、方向、边框效果、页眉、页脚和页边距等。在排版的过程中,也可以根据需要对文档的各个部分灵活地设置不同的效果,比如分栏。

页边距是页面四周的空白区域,也就是正文与页面边界的距离。整个页面的大小在选择纸张后已经固定了,然后确定正文所占区域的大小,固定正文区域的大小后,就可以设置正文到四边页面边界间的区域大小了。通常,可在页边距内部的可打印区域中插入文字和图形。也可以将某些项目放置在页边距区域中,如页眉、页脚和页码等。

2. 操作步骤

(1)单击"文件"菜单,选择"新建"命令,选择"空白文档"项,单击"创建"按钮建立新的空白文档。

(2)单击"页面布局"菜单,选择"页面设置"对话框,在"纸张"选项卡中选择"A3"纸,应用于"整篇文档",如图6-2所示。

(3)在"页边距"选项卡中,选择"自定义边距",将上、下、左、右边距分别设为"2厘米""2厘米""4厘米""2厘米",将"纸张方向"设为"横向",应用于"整篇文档",如图6-3所示。

项目六 试卷模板的制作

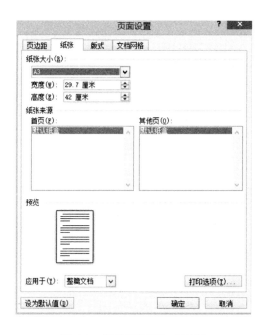

图 6-2 "页面设置"对话框　　　图 6-3 设置页边距

任务 2：制作密封线

1. 任务描述

正规的试卷上都有密封线，页面设置好之后，首先应制作页面左侧的密封线，并进行格式设置。

2. 操作步骤

（1）在"插入"菜单中，选择"文本框"命令中的"绘制竖排文本框"，如图 6-4 所示。

（2）在文本框中输入密封线，选择"绘图工具"→"格式"菜单，单击"形轮廓"下拉菜单，选择"无轮廓"命令，进行文本框设置，如图 6-5 所示。

（3）选中文本框中的文字，选择"绘图工具"→"格式"菜单，选择"文字方向"中的"文字方向选项"命令，打开"文字方向-文本框"对话框，如图 6-6 所示。

（4）用同样的方法制作考试学生信息文本框，所包含信息为学校、班级、姓名、准考证号。

图 6-4 绘制文本框

- 89 -

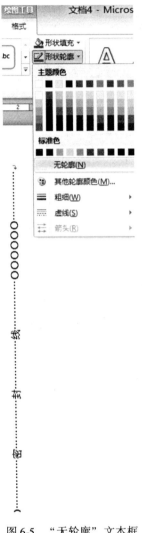

图 6-5 "无轮廓" 文本框

图 6-6 文本框的文字方向

任务 3：输入试卷题头信息

1. 任务描述

试卷信息主要包括学年、学期、专业、班级及姓名和学号。页面设置好之后，首先应输入这些信息，并进行格式设置。

2. 操作步骤

（1）输入试卷标题"西安思源学院考试试题"，字体为"华文行楷"，字号为"一号"，输入学年、学期、专业班级、课程名称及姓名学号，字体为"宋体"，字号为"三号"，如图 6-7 所示。

（2）在"学年""学期"后绘制一个文本框，输入"分数"，字体为"宋体"，字号为"小二"。在"分数"后绘制竖线，并将竖线与文本框组合，如图 6-8 所示。

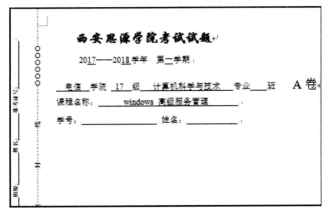

图 6-7 输入试卷题头信息

图 6-8 制作分数框

任务 4：输入试卷内容并分栏

1. 任务描述

将试卷的全部内容输入到文档中，试卷的排版一般分左、右两个部分，所以需要将输入的内容分栏。

2. 操作步骤

（1）输入试卷的全部内容，如图 6-9 所示。

（2）将试题内容选中，如图 6-10 所示。选择"页面布局"菜单，选择"分栏"中的"更多分栏"命令，打开"分栏"对话框，如图 6-11 所示。

（3）选择"两栏"，并将"间距"调整为"5 字符"，然后单击"确定"按钮，效果如图 6-12 所示。

（4）选中后续的页面文字，按照步骤（3）的方法将其分栏，效果如图 6-13 所示。

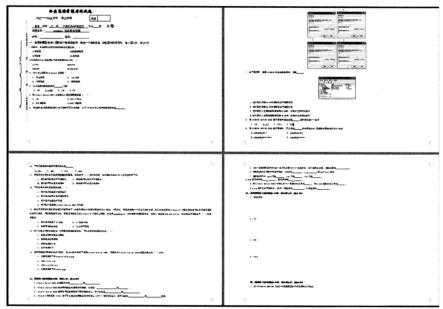

图 6-9 输入试卷的全部内容

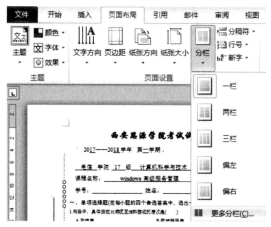

图 6-10 试题内容分栏

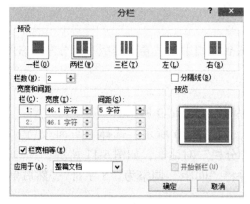

图 6-11 "分栏"对话框

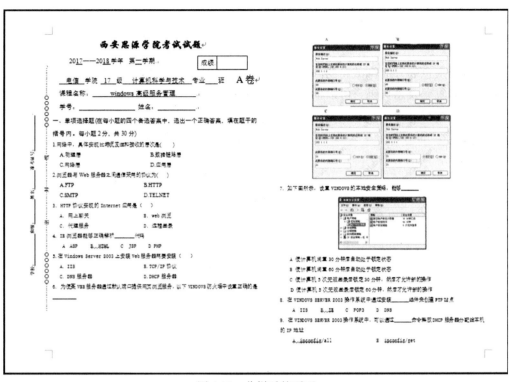

图 6-12　分栏后的页面

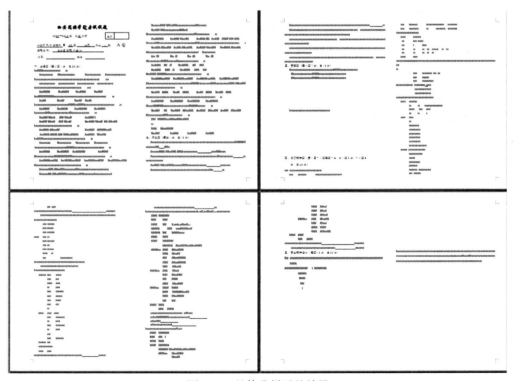

图 6-13　整体分栏后的效果

任务5：制作边框与个性化页脚

1. 任务描述

制作两个灰色的方框将试卷的内容框起来，以增强视觉上的效果。试卷分两栏打印，每栏下面都应有页码及总页码，可以根据需要制作个性化页脚。

2. 操作步骤

（1）单击"插入"菜单，选中"页眉"命令集中的"编辑页眉"命令，打开"页眉和页脚"工具栏，如图 6-14 所示。

图 6-14 "页眉和页脚"工具栏

（2）绘制两个矩形，将左、右两栏的文字框住，并将矩形线条的颜色设为"灰色-50%"，将线型设为"1.5磅"，将填充颜色设为"无"，然后单击"关闭"按钮，如图 6-15 所示。添加方框后的效果如图 6-16 所示。

图 6-15 "设置形状格式"对话框

项目六 试卷模板的制作

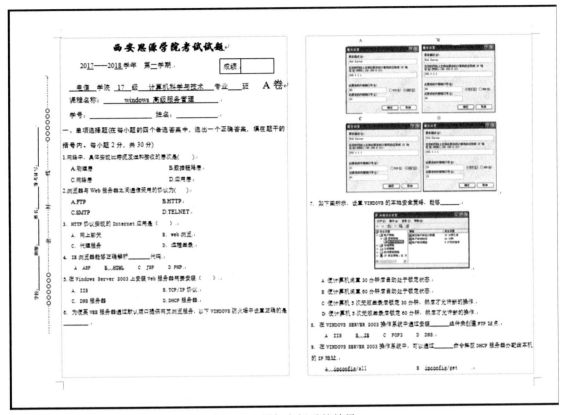

图 6-16 添加方框后的效果

(3) 在"页眉和页脚"工具栏中选择"转至页脚"命令,如图 6-17 所示。

图 6-17 "页眉和页脚"工具栏

(4) 在左侧边框右下角的下方输入"西安思源学院统招教务处印制",在右侧边框左下角的下方输入"第　页　共　页",效果如图 6-18 所示。

图 6-18 页脚效果

(5) 将光标移动到"第"字之后,单击"插入"菜单,选中"文档部件"命令集中的"域"命令,打开"域"对话框,如图 6-19 所示。

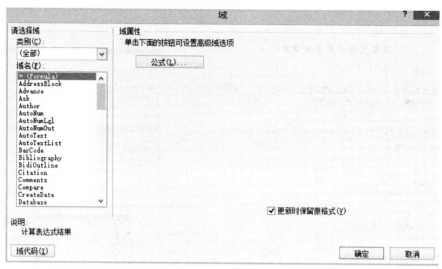

图 6-19 "域"对话框

(6) 在"编号"类别中选择"Page",将光标移动到"共"字之后,同样采用插入域的方法在"文档信息"类别中选择"NumPages",效果如图 6-20 所示。

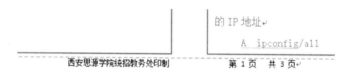

图 6-20 插入域后的效果

任务 6:添加水印及隐藏答案

1. 任务描述

水印是显示在文档文本后面的文字或图片。它们可以增加趣味或标识文档的状态。在试卷基本设置完毕后,可以插入水印。

2. 操作步骤

(1) 单击"页面布局"菜单,选择"水印"子菜单中的"自定义水印"命令,打开"水印"对话框,如图 6-21、图 6-22 所示。

(2) 选择"文字水印",并将文字设置为"思源学院",然后单击"确定"按钮,效果如图 6-23 所示。

(3) 在试卷中加入参考答案和一些注解,对今后选用试题更有参考价值。一般来说,附答案的试卷仅供教师参考,可以显示答案而不打印。选中答案信息,用鼠标右键单击选择"字体",打开"字体"对话框,将效果中的"隐藏"复选框选中,单击"确定"按钮,如图 6-24 所示。

(4) 单击"文件"菜单,选择"显示"命令,显示屏幕中的隐藏文字而不打印隐藏文字,如图 6-25 所示。此时即可达到效果。

项目六　试卷模板的制作

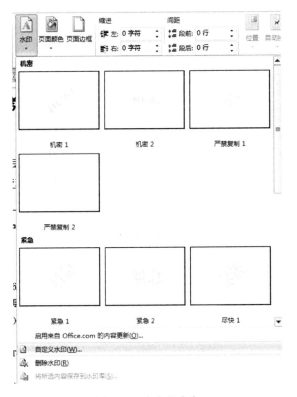

图 6-21　自定义水印

图 6-22　"水印"对话框

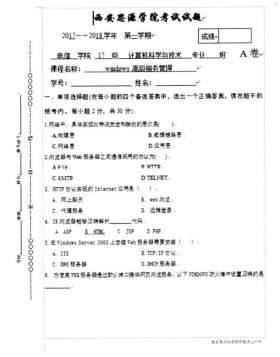
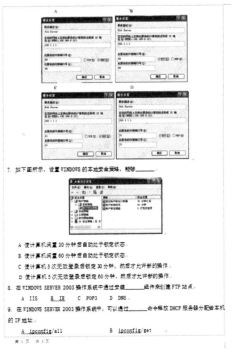

图 6-23　添加水印后的效果

- 97 -

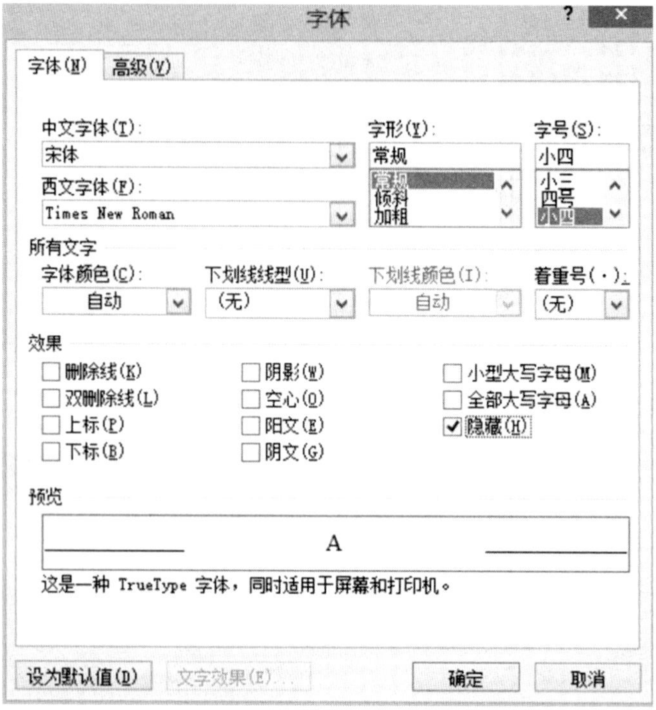

图 6-24 "字体"对话框

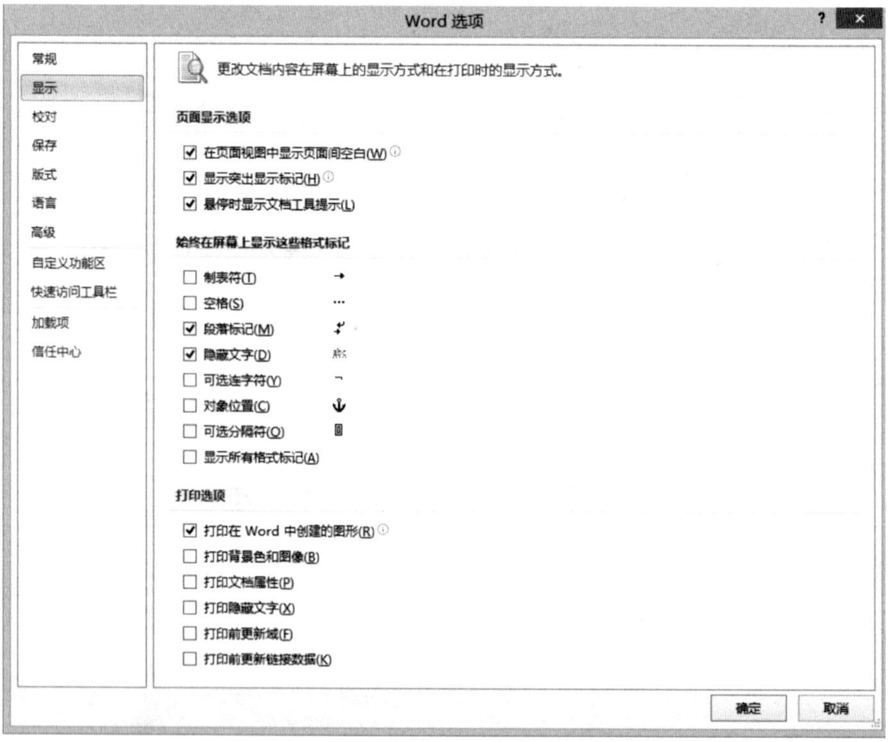

图 6-25 "Word 选项"对话框

任务7：将试卷保存为模板

1．任务描述

同一类型的文档往往具有相同的格式和结构，使用模板可以大大加快创建新文档的速度。每一份试卷的整体框架和每道题的答题要求、分值以及试卷的排版格式大同小异，调用包含这些信息的模板来编排试卷可提高工作效率。

2．操作步骤

（1）单击"文件"菜单，选择"另存为"命令，打开"另存为"对话框，模板文件名为"试卷.dotx"，保存类型为"Word 模板"，如图6-26所示。

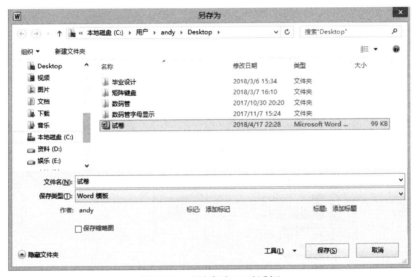

图6-26 "另存为"对话框

（2）在需要制作试卷时，可执行"文件"菜单中的"新建"命令，展开"新建文件"任务窗格，选中其中的"根据现有内容新建"选项，打开"模板"对话框，双击"试卷"模板文件，即可新建一份试卷文档，如图6-27所示。

图6-27 根据模板新建文档

任务 8：将考题快速发送到 PowerPoint 2010

1．任务描述

教师对考题的讲解通常是通过 PowerPoint 2010 来完成的，当完成了当前文档的编辑后，有时候需要一个基于本文档内容的 PPT 演示文稿。Office 的应用程序之间有着很好的交互性，利用这个特点，就能很快地完成 Word 与 PPT 之间的转化。

2．操作步骤

（1）单击"文件"菜单，选择"选项"命令，在"Word 选项"对话框中选择"快速访问工具栏"选项，如图 6-28 所示。

图 6-28 "Word 选项"对话框

（2）在"从以下位置选择命令"下拉框中选择"不在功能区的命令"，然后找到"发送到 Microsoft PowerPoint"这个功能，单击"添加"按钮，将它添加到快速访问工具栏中，如图 6-29 所示。

（3）这时可以看到，Word 2010 的快速访问工具栏中多了一个"发送到 Microsoft PowerPoint"的按钮，如图 6-30 所示。由于 PPT 演示文稿是按照大纲级别来分页转换内容的，Word 文档中的每个"一级大纲"对应 PPT 中新幻灯片页的标题，"二级大纲"则对应该幻灯片页下的内容。

（4）选择"视图"菜单中的"大纲视图"，将每道选择题的题干设置为大纲一级，将选项设置为大纲二级，如图 6-31 所示。

项目六 试卷模板的制作

图 6-29　添加命令到快速访问工具栏

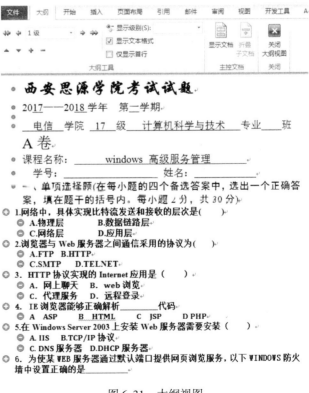

图 6-30　快速访问工具栏　　　　　　　　图 6-31　大纲视图

（5）调整好格式后，直接单击 Word 顶部快速访问工具栏中的"发送到 Microsoft PowerPoint"按钮即可。效果如图 6-32 所示。

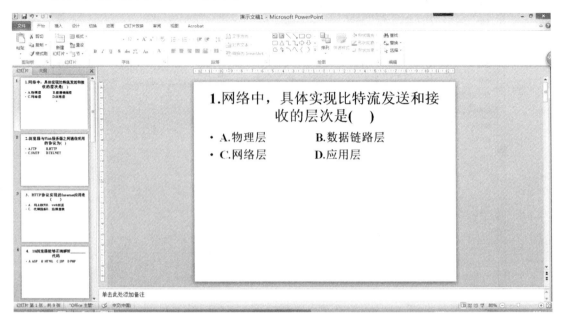

图 6-32　生成的 PPT 演示文稿

【知识拓展】

1．输入汉语拼音

（1）在 Word 2010 文档窗口，输入文字"中华人民共和国"。

（2）选中想要加拼音的文字，单击"开始"菜单，选择"拼音指南"命令，如图 6-33 所示，弹出"拼音指南"对话框，如图 6-34 所示。

图 6-33　"拼音指南"命令

（3）在弹出的"拼音指南"对话框中，将字号设为"10 磅"，然后单击"确定"按钮，如图 6-35 所示。若是给词加拼音，需单击"组合"按钮。

（4）加入的拼音在汉字的上方，若想将其移动到汉字的后面，可将其选中，然后单击"复制"命令，再单击"开始"菜单中的"粘贴"菜单，打开"选择性粘贴"对话框，如图 6-36 所示。

（5）在"选择性粘贴"对话框中，选择"无格式文本"，然后单击"确定"按钮，如图 6-37 所示。

项目六　试卷模板的制作

图 6-34　"拼音指南"对话框

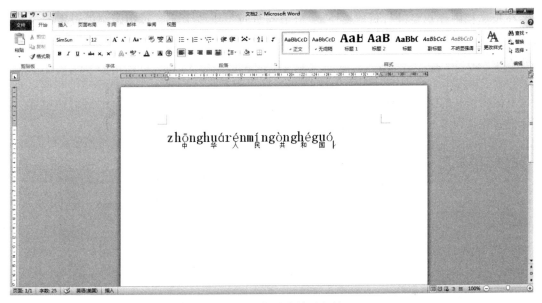

图 6-35　添加拼音效果文档

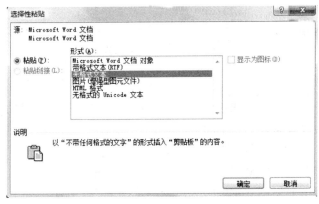

图 6-36　"选择性粘贴"对话框

- 103 -

图 6-37　将拼音移动到右侧的效果

2．页面设置

在长文档中经常要进行页眉/页脚、分节与分页、纸张大小、页边距等的设置，这些设置都是在"页面布局"菜单上进行的，如图 6-38 所示。下面分别说明页边距、纸张方向、纸张大小的作用。

（1）"页边距"选项卡，如图 6-39 所示。页边距是指文档正文与纸张边缘的距离。它确定了页面内正文的位置范围，只有在"页面视图"模式下才能察看页边距。"装订线位置"框用于设置在页边添加装订线的位置。

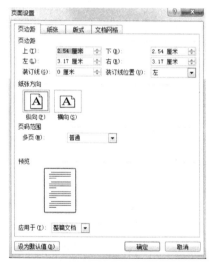

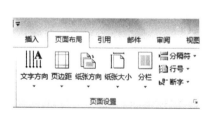

图 6-38　"页面布局"菜单　　　图 6-39　"页面设置"对话框中的"页边距"选项卡

通过"方向"选项可以设置纸张的方向。通过"预览"选项可以选择设置的应用范围，在个性化设置时可以设置各章节的不同页边距。

"默认"按钮可以将页边距的参数恢复到默认设置。

（2）"纸张"选项卡如图 6-40 所示，通过它设置纸张的大小。

（3）"版式"选项卡如图 6-41 所示。这在长文档排版中是一个十分重要的选项功能，在这里可以设置页码在章节中的显示，节的开始页的奇数、偶数页选项。

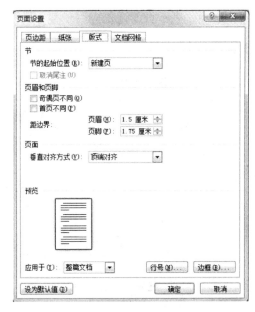

图 6-40 "页面设置"对话框中的"纸张"选项卡　　图 6-41 "页面设置"对话框中的"版式"选项卡

（4）"文档网格"选项卡如图 6-42 所示。在"文字排列"选项中，选择文字是水平显示还是垂直显示。在"栏数"数值选择框中，可设置文档的栏数。

在"网格"选项中，如果选中"无网格"单选钮，则 Word 根据文档内容自行设置每行字符数和每页行数；如果选中"指定行和字符网格"单选钮，则在"每行"数值选择框中，可设置每行所显示的字符数，在"每页"数值选择框中，可设置每页所显示的行数。

在"预览"栏中，用户可以查看设置的效果。在"应用于"下拉列表框中，选中"整篇

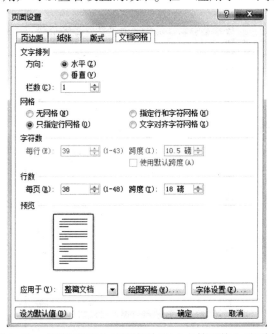

图 6-42 "页面设置"对话框中的"文档网格"选项卡

文档"选项,表示页面设置应用于整个文档。单击"确定"按钮,文档使用新的页面设置。

【技能训练】

(1) 制作简报,如图 6-43 所示。

图 6-43　简报

(2) 制作杂志,如图 6-44 所示。

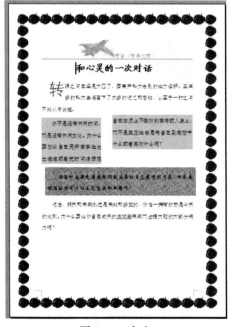

图 6-44　杂志

项目七

《毕业设计论文》排版

【项目目标】

本项目的目标是充分利用 Word 2010 所提供的长文档排版功能，对长文档进行目录自动提取、页眉/页脚的自动生成、修改内容后页眉/页码的自动更新等高效排版操作，使学生掌握 Word 的高级排版方法，并了解编写长文档的规定格式。本项目的效果如图 7-1 所示。

图 7-1　项目完成后部分页码效果

【需求分析】

毕业设计是每位本科生在完成大学学习后最重要的实践教学，而撰写毕业设计论文则是对毕业设计的内容、思路的整理、归纳、总结的过程。毕业设计论文包含多个章节，通常都有严格的格式要求，一般采用章、节、目的三级项目编排方式。

由于毕业设计论文需要经过多次修改，对于频繁的修改书稿、更新目录、更新页眉/页脚，如何快速地更新是需要解决的第一个问题。修改文档时采用普通的查找定位方式是烦琐的事，如何快速地进行定位是需要解决的第二个问题。

有使用"格式刷"经验的人都知道，"格式刷"是一个快速复制格式的工具，在排好一个段落的格式后，使用"格式刷"可以快速复制该格式到其他段落，提高排版的效率，但毕业设计论文的段落较多，若每修改一次段落格式，都使用"格式刷"依次把其他段落"刷"上一遍，则使用者将会变成"粉刷工"，那么如何解决格式的"一改全改"问题是需要解决的第三个问题。

毕业设计论文一般由封面、中文摘要、英文摘要、目录、正文、参考文献、致谢及附录组成，按学位论文的撰写规定有：

（1）封面后为空白页，中文摘要与英文摘要单独成页，不设页眉与页脚。目录不设页眉，页脚设置页码格式为"Ⅰ、Ⅱ、Ⅲ"样式。

（2）每章开始有章名称的第一页称为首页，一般规定首页位于奇数页上，奇数页位于翻开书的右手。

（3）当遇到一章结束为奇数页时，后面跟空白页（即纸背面的偶数页）。

（4）偶数页页眉左对齐，奇数页页眉右对齐。

（5）正文页码从第1章开始计数，目录页码单独计数，其格式要与正文区别。

【方案设计】

1．总体设计

针对上面所列的问题和毕业设计论文写作格式的规定，本项目采用章、节、目及正文的编排方式，结合多级列表，对各章、节、目进行编号，这个步骤十分重要，是自动提取页眉的关键因素。

本项目首先对论文中的各个组成部分进行分节显示，然后对论文中用到的主要样式即正文样式、目标题样式、节标题样式及章标题样式进行设置及应用，对章、节、目标题进行自动提取形成论文目录。设置文档的页眉/页脚，页眉部分利用 Word 2010 提供的文档部件功能进行自动提取生成。当修改论文内容时，页眉、页脚、目录自动更新设置。

2．任务分解

任务1：页面设置；

任务2：设置论文各部分分节显示；

任务3：正文及标题样式的设置；

任务4：多级编号的自动生成；

任务5：将样式应用到相应段落；

任务6：目录的生成；

任务7：设置页眉；

任务8：设置页脚；

任务9：修改内容，使页眉、页脚、目录自动更新。

3．知识准备

1）样式的设置与使用

样式是应用于文档中的文本、表格和列表的一套格式特征，它是指一组已经命名的字符和段落格式。它规定了文档中标题、题注以及正文等各个文本元素的格式。用户可以将一种样式应用于某个段落或者段落中选定的字符。使用样式定义文档中的各级标题，如标题1、标题2、标题3、……、标题9，就可以智能化地制作出文档的标题目录。

使用样式能减少许多重复的操作，在短时间内排出高质量的文档。如用户要一次改变使用某个样式的所有文字的格式，只需修改该样式即可，这就叫"一改全改"。下面介绍样式的规定。

（1）样式按不同的定义，可以分为字符样式和段落样式，也可以分为内置样式和自定义样式。

（2）字符样式是指由样式名称来标识的字符格式的组合，它提供字符的字体、字号、字符间距和特殊效果等。字符样式仅作用于段落中选定的字符。其在样式和格式窗体上用带下划线的"a"表示。

（3）段落样式是指由样式名称来标识的一套字符格式和段落格式，包括字体、制表位、边框、段落格式等。其在样式和格式窗体上用段落标记"↵"表示。

（4）带田符号的表示表格样式。

Word 提供了一个"样式"窗体，可以利用其来设置、修改、使用样式，下面对此窗体进行说明，如图 7-2 所示。

按钮：可以新建自定义样式，具体使用方法将在项目中介绍。

按钮：可以帮助用户显示和清除 Word 文档中应用的样式和格式，"样式检查器"将段落格式和文字格式分开显示，用户可以分别清除段落格式和文字格式。

按钮：单击它将显示 Word 2010 提供的一个比较全面的样式管理界面，用户可以在"管理样式"对话框中进行新建样式、修改样式和删除样式等样式管理操作。

下面介绍样式的建立方法：

（1）点击 按钮，弹出新建样式对话框，如图 7-3 所示。

图 7-2 "样式"窗体

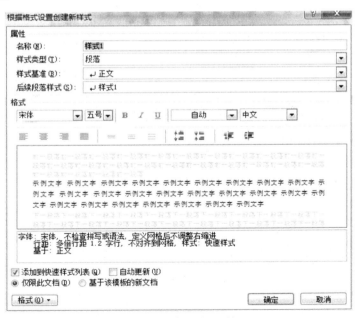

图 7-3 新建样式对话框

（2）在"名称"栏中输入新样式的样式名。

（3）在"样式类型"栏中选择样式的适用范围（段落或字符）。

（4）在"样式基准"栏中选择一个基准样式，默认的基准样式是"正文"，如果当前选择了一个段落或一部分文本，则基准样式的默认值为当前选择的样式。

（5）"后续段落样式"栏中可以设定一个使用此自定义样式的当前段落的后续段落的样式，也就是使用完此样式后按回车键时，下一段落的默认使用样式。

（6）在"格式"选项区域内可以设置字符的格式。若需要更多的格式则单击"格式"按钮，在弹出的菜单中可以选择项目进行设置，如图7-4所示。

（7）如果选中了"自动更新"复选框，可对使用这个样式的文档作手工格式修改，Word将自动更新样式。

（8）设置完成后单击"确定"按钮，完成新样式的建立。

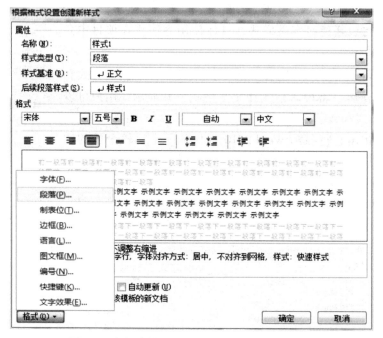

图7-4 在新建样式对话框中单击"格式"按钮

2）多级列表编号的使用

多级列表编号是在编排文档时经常使用的功能，特别是长文档中的章节号使用多级编号生成会给使用者带来很大的方便。多级编号的用法将在项目中详细介绍。

3）索引与目录

略。

4）页眉页脚设置

略。

5）域更新

略。

知识点3）~4）在本项目有较详细的描述，此处不一一细说。

【任务实现】

任务1：页面设置

1. 任务描述

毕业设计论文的格式一般都有非常严格的页面要求，素材所提供的毕业设计论文中的页面是建立 Word 时默认的，下面对该文档进行页面设置，这个文档就会成为毕业设计论文的主文档，经过不断的修改和添加内容，最终成为完整的毕业设计论文电子文档。为了不破坏原素材，建议另存为一个文件（可以命名为"毕业设计论文.docx"）。

2. 操作步骤

（1）打开文件"毕业设计论文.docx"，单击"页面布局"选项卡菜单中"页面设置"右下方的 命令，如图7-5所示。

图7-5 "页面布局"选项卡

在"页面设置"对话框中，单击"版式"选项卡，勾选"页眉和页脚"区的复选框"奇偶页不同"，如图7-6所示。

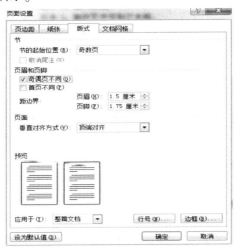

图7-6 "页面设置"对话框

（2）单击"节的起始位置"下拉列表框的向下键，选择"奇数页"，设置结果是对各章分节时，每章的首页都是从奇数页开始。

（3）设置"应用于"下拉列表框的值为"整篇文档"，也就是说，"奇偶页不同"等设置适用于整篇文档。

（4）设置好后单击"确定"按钮，这时页面设置基本完成。

任务2：设置论文各部分分节显示

1. 任务描述

论文的封面、摘要、目录以及正文各章都要采用分节（奇数页）方式显示，这些设置是设置页眉/页脚奇偶页不同及页眉自动提取的基础。

2. 操作步骤

在封面后面单击"页面布局"选项卡中的"分隔符"命令，在出现的对话框中选择"分节符"→"奇数页"选项，如图7-7所示。同理，在"摘要"、"Abstract"及目录后面执行同样的操作，在打印预览视图中可以看见封面、摘要及"Abstract"后跟空白页，如图7-8所示。

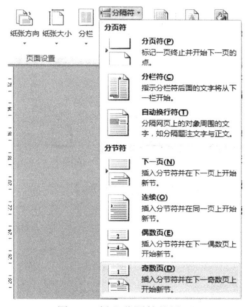

图7-7　插入分隔符的界面

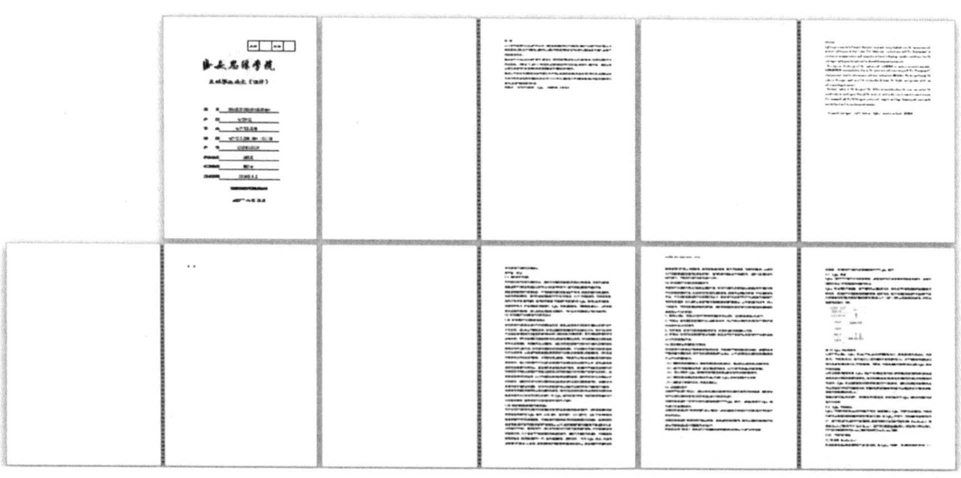

图7-8　封面、摘要及"Abstract"后跟空白页

设置插入点光标位于章的最前面,单击"页面布局"选项卡中的"分隔符"按钮,在弹出的对话框中选择"分节符"→"奇数页"命令。

任务3:正文及标题样式的设置

1. 任务描述

对论文中要用到的样式正文、目标题、节标题、章标题样式分别进行设置,并加入多级列表编号到样式中,设定编号的章标题样式为"第1章、第2章、第3章……",节标题样式为"1.1、1.2、1.3……",目标题样式为"1.1.1、1.1.2、1.1.3……"。

在进行样式设置的过程中,应该从级别最低的样式开始设置(这样可以一次设置到位),即设置样式的顺序为:正文→目标题→节标题→章标题。

2. 操作步骤

(1) 设置正文的样式,单击"格式"菜单,选择"样式和格式"命令,打开样式和格式窗格中的正文项,如图7-9所示,单击"修改"命令进入正文样式修改界面,如图7-10所示。

图7-9 "样式"对话框   图7-10 "修改样式"对话框

(2) 在"修改样式"对话框中单击"格式"上拉菜单,进行字体与段落样式的设置,如图7-11和图7-12所示。在字体的设置中,设置如下几项——"中文字体":宋体;"西文字体":Times new Ramon;"字形":常规;"字号":小四。

(3) 接下来设置目标题,在"样式"对话框中并没有目标题样式,这时需要新建样式,单击"样式"窗体的"   "中最左边的按钮,如图7-13所示,在弹出的新建样式对话框中的"属性"区域中设置——"名称":目标题;"样式类型":段落;"样式基准":标题3,如图7-14所示。

建立了目标题样式后，需要对目标题的格式进行设置，设置方法与正文中格式的设置方法一样，具体的字体与段落格式设置值如表 7-1 和表 7-2 所示。

（4）节标题与章标题样式的新建与目标题类似，具体的属性值设置如表 7-3 所示，格式值如表 7-1 和表 7-2 所示。

图 7-11　字体设置对话框

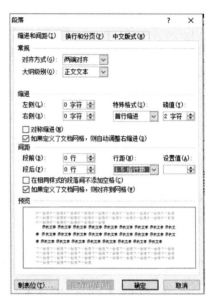

图 7-12　段落设置对话框

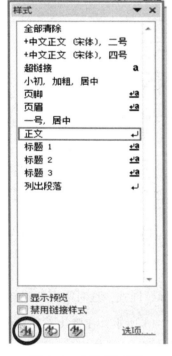

图 7-13　"样式"窗体

图 7-14　新建样式对话框

表 7-1　各标题字体格式值

名称	中文字体	西文字体	字形	字号
目标题	段落	标题 3	加粗	四号
节标题	段落	标题 2	加粗	小三
章标题	段落	标题 1	加粗	三号

表 7-2　各标题段落设置值

名称	对齐方式	特殊格式	段前	段后	行距
目标题	左对齐	无	6 磅	6 磅	单倍行距
节标题	左对齐	无	12 磅	12 磅	单倍行距
章标题	居中	无	18 磅	18 磅	单倍行距

表 7-3　各标题样式的属性值

名称	样式类型	样式基准	后续段落样式
目标题	段落	标题 3	正文
节标题	段落	标题 2	正文
章标题	段落	标题 1	正文

任务4：多级编号的自动生成

1．任务描述

设定样式好后，把各级标题加入相应的编号，让样式的设定和标题编号的设定捆绑在一起，使标题的修改与更新更加方便快捷。

2．操作步骤

（1）在"开始"选项卡中单击 中的"多级列表"，出现图 7-15 所示的选择项，选择"定义新的多级列表（D）"命令，出现图 7-16 所示的对话框，在对话框中"输入编号的格式"中"1"的前面输入"第"，在后面输入"章"，注意不要改动数字"1"。设置"文本缩进位置"为"0 厘米"，然后单击"更多"按钮，出现图 7-17 所示的对话框，在此对话框中的"将级别链接到样式"下拉列表中选择"章标题"。

（2）在级别1设置好之后，接下来设置级别2，直接在图 7-17 所示对话框中选择级别2，"输入编号的格式"中会自动出现"1.1"字样，不需要修改；将"对齐位置"设为"0厘米"，将"文本缩进位置"设为"0厘米"，在"将级别链接到样式"下拉列表中选择"节标题"，如图 7-18 所示。

图 7-15 多级列表选择项

图 7-16 "定义新多级列表"对话框

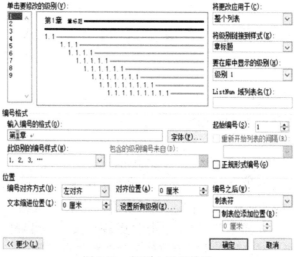

图 7-17 级别 1 设置效果

（3）接下来设置级别 3。直接在图 7-18 所示对话框中选择级别 3，"输入编号的格式"中会自动出现"1.1.1"字样，不需要修改；将"对齐位置"设为"0 厘米"，将"文本缩进位置"设为"0 厘米"，在"将级别链接到样式"下拉列表中选择"目标题"，如图 7-19 所示。

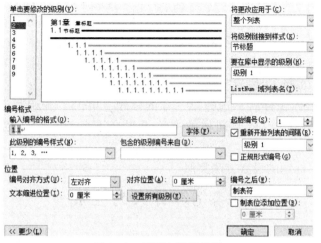

图 7-18 级别 2 设置效果

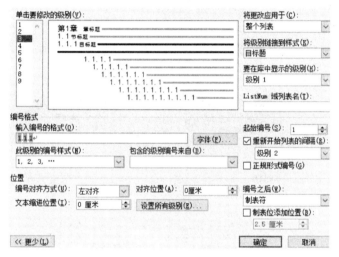

图 7-19 级别 3 设置效果

样式和多级列表设置好后，就可以分别将相应的章、节、目按设定的样式进行格式化，格式化时可以结合"格式刷"进行，"格式刷"的使用之前已经进行了详细的介绍，这里不再赘述。

注意：设置标题样式的步骤十分重要，当修改一个标题样式时，所有使用该样式的标题都发生改变，这就是通常说的"一改全改"，另外标题对后面的排版会产生重大影响，如目录自动提取、页眉自动引用和提取章节标题生成等。

任务 5：将样式应用到相应段落

1．任务描述

样式与编号设置好之后，就应该将其应用到论文中相应的段落中了。

2．操作步骤

（1）选择除封面与封底之外的所有内容，单击"开始"选项卡，在"样式"功能区中找到正文，单击，这时就将其选定的内容设置为正文样式了。

（2）依次设置"摘要"、"Abstract"、目录的格式（因为这部分不在目录中出现，需单独设置）如下：字体——"中文字体"：黑体，"西文字体"：Times new Ramon，"字形"：加粗，"字号"：三号；段落——"对齐方式"：居中，"大纲级别"：正文文本，"特殊格式"：无，"段前"：18磅，"段后"：18磅，"行距"：单位行距。

（3）设置论文章标题样式，选择第一章的标题，单击"开始"选项卡，在"样式"功能区中找到"章标题"。依照同样的方法设置余下各章标题，也可以用"格式刷"完成。

（4）节标题与目标题的设置方法类似。

任务6：目录的生成

1. 任务描述

在设定好了相应的样式格式后就可以提取和生成目录了，在页面视图进行设置。

2. 操作步骤

（1）单击"视图"选项卡，选择"页面视图"命令，页面视图也就是所见即所得。

（2）首先将光标放在准备放置目录的位置，单击"引用"选项卡，单击"目录"下拉列表，如图7-20所示，选择"插入目录"命令。

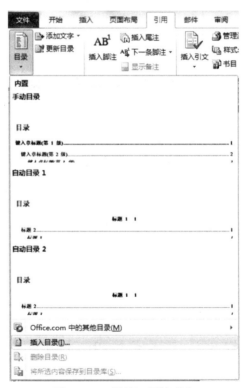

图7-20 "目录"下拉列表

（3）在出现的"目录"对话框中设置目录的样式，这里选择"格式"为"正式"，设置"显示级别"为"3"。单击"确定"按钮，产生目录，如图7-21所示。

项目七 《毕业设计论文》排版

图 7-21 "目录"对话框

(4) 对目录进行格式化等操作,效果如图 7-22 所示。

图 7-22 生成的目录

任务7:设置页眉

1. 任务描述

按照一般院校对毕业设计要求的方式设置页眉,即偶数页眉为"××××大学(学院)

毕业设计"，奇数页眉为各章名称。

2．操作步骤

（1）按照要求把默认的页眉的横线取消。单击"样式"选项卡，打开"样式"任务窗格，找到页眉样式，如图 7-23 所示，单击右侧的下拉键单击"修改"命令，在出现的"修改样式"对话框中单击"格式"按钮，单击"边框"命令，在出现的对话框中将横线删除即可，如图 7-24 所示。

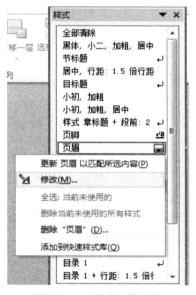

图 7-23 "样式"任务窗

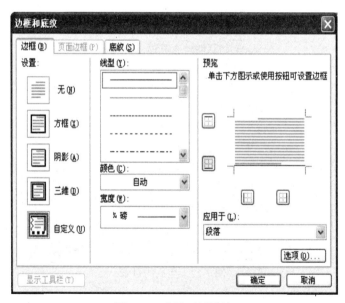

图 7-24 去除页眉横线

（2）页眉的设置采用"自顶向下"的设计方案，封面、摘要、"Abstract"、目录都不需要设置页眉，直接定位到论文第一章的页眉部分，如图 7-25 所示。

项目七 《毕业设计论文》排版

图 7-25 论文正文页眉的设置界面

这时设置的是该节的奇数页页眉,在设置之前一定要把"链接到前一条页眉"的黄色亮条去掉,也就是说从这一节开始,奇数页的页眉与前一节不同了。按要求插入的是章名称,让页眉右对齐,放置插入点到页眉的右边,单击"页眉页脚工具"→"设计"选项卡中的"文档部件"下拉列表,然后选择"域"命令,如图 7-26 所示。

图 7-26 "文档部件"下拉列表

在弹出的对话框中从"类别"列表框中选择"链接和引用",然后从"域名"列表框中选择"StyleRef"。该域的功能是插入样式中段落的文本,先插入章编号。选择"样式名"→"章标题"(注:此处的章标题是前面设置好的,如果前面没有设置则找不到该选择项),勾选"插入段落编号",勾选"更新时保留原格式",单击"确定"按钮,此时插入的只是编号"第 1 章","域"对话框如图 7-27 所示。把插入点放置到"第 1 章"后面,再重复一次,在出现的"域"对话框中,选"章标题",域选项不设,单击"确定"按钮,这时插入章标题。

当然也可以在奇数页手工输入章标题,但这样在修改章节内容时不会自动更新,奇数页眉效果如图 7-28 所示。

(3)奇数页页眉设置好之后,移动光标到该节偶数页页眉上,同样首先去掉"链接到前一条页眉"的黄色亮条,再让页眉左对齐,输入"××××大学(学院)毕业设计",如图 7-29 所示。

(4)单击"下一节"按钮,出现"第 2 章系统总体布局"所在节的奇数页页眉,发现该节的页眉已经自动生成,这是因为使用了"与前一节相同"的设置以及页眉自动提取章标题,效果如图 7-30 所示。由于毕业设计论文中正文所有的偶数页页眉都一样,所以只需要让后面的节与前面设置好的节一样就可以了。

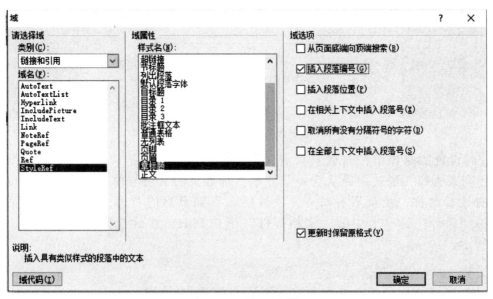

图 7-27 "域"对话框

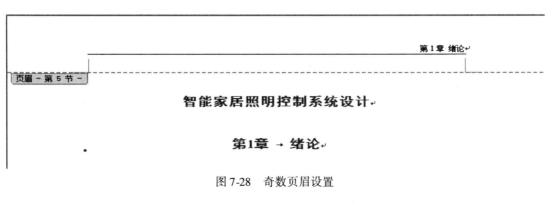

图 7-28 奇数页眉设置

图 7-29 偶数页页眉设置

图 7-30 第 2 章页眉生成效果

项目七 《毕业设计论文》排版

任务8：设置页脚

1. 任务描述

按照毕业设计论文的规定，页码从正文第1章开始计数，封面、摘要、"Abstract"不设页码，目录页码单独设置，格式另设。

2. 操作步骤

（1）设置好页眉之后，在"页眉页脚工具"→"设计"选项卡中单击"转至页脚"命令，如图7-31所示。

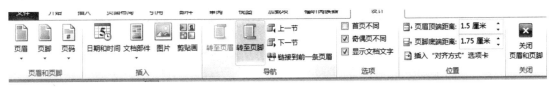

图7-31 切换到页脚

（2）从文档的头部开始设置，封面、摘要、"Abstract"、页眉/页脚不用设置，定位到目录节的页脚，单击"链接到前一条页眉"命令，取消高亮显示。开始设置目录节中的奇数页页脚，将光标居中放置（在段落中选择"居中对齐"即可）。

（3）单击"页码"按钮，然后选择"设置页码格式"命令，设置"编号格式"为"Ⅰ，Ⅱ，Ⅲ…"；设置"页码编号"为"起始页码（A）：Ⅰ"，如图7-32所示。

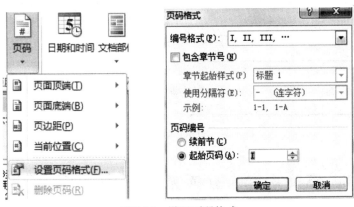

图7-32 设置页码格式

（4）插入目录页的页码，单击"页码"→"当前位置"命令，选择"简单"→"普通数字"选项，效果如图7-33所示。

（5）单击"页眉和页脚工具"→"设计"选项卡中的"下一节"按钮，页脚跳转到第1章奇数页页脚，单击"链接到前一条页眉"命令，取消高亮显示，然后设置页码格式为"1、2、3…"，起始页码为1，然后插入页码。目录页插入页码效果如图7-34所示。

（6）继续将光标移动到第1章偶数页，单击"插入页码"按钮，为本章所有偶数页添加页码。

（7）检查其他章节，看是否都有页码。

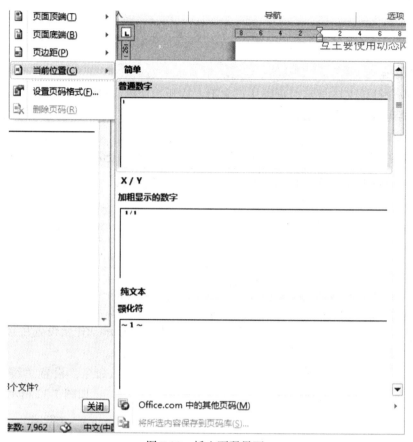

图 7-33　插入页码界面

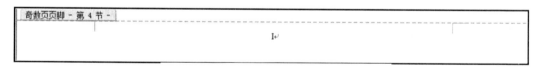

图 7-34　目录页插入页码效果

任务 9：修改内容，使页眉、页脚、目录自动更新

1. 任务描述

毕业论文文档设置完成后，来测试是否能提高编写文档的效率，可以设置一些情景进行测验，比如，在文档后面插入第 3 章的标题，看是否能对目录、页眉、页脚进行更新。

2. 操作步骤

（1）在文档最后插入分节符，然后输入"模块设计"文字，将插入点光标设置到前面排好的章标题处，双击"格式刷"将格式复制，然后到"模块设计"文字上去刷格式（或在样式中将章标题样式应用到"模块设计"文字上），就可以看到结果了。

（2）在目录上单击鼠标右键，在弹出的快捷菜单中选"更新域"命令，在出现的对话框中选择"更新页码"或"更新整个目录"命令，对目录的内容和页码进行更新。

【知识拓展】

1. 个性页眉页脚设置：在奇、偶页插入不同的水印

Word 2010 文档的页眉或页脚不仅支持文本内容，还可以在其中插入图片。例如可以在页眉或页脚中插入公司的 logo、单位的徽标、个人的标识等，以使 Word 文档更加正规。

举例：标题以图片的形式出现在文档的侧边。

新建一个产品营销计划模板文档，来设置此功能效果：

（1）在模板中新建一个"基本营销计划"文档，单击"插入"选项卡，在功能区中选择"页眉"，选择"页眉编辑"命令，进入页眉/页脚设计视图。在这里只演示在奇、偶页设置不同的图形水印。首先使用"插入"→"形状"功能，在左页边距处制作一个斜边矩形。

（2）插入一个纵向文本框，在页边斜边矩形处输入"××××××产品 营销计划"，设置字体为"宋体"，字号为"四号"。

（3）接着设置偶数页，在右边距处制作一个斜边矩形，其形状与偶数页在相同方向"镜像"，可以使用复制偶数页的斜边矩形，然后使用"绘图工具"选项卡中的"旋转"功能，接着选"水平翻转"命令。

（4）插入文本框，输入"××××××产品 营销计划"。

个性化页眉后的效果如图 7-35 所示。

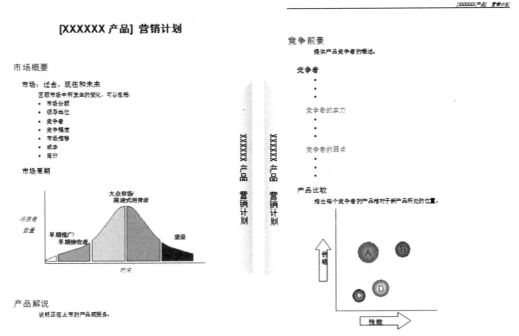

图 7-35　个性化页眉后的效果

2. 修改和删除目录

Word 2010 所创建的目录是以文档的内容为依据的。如果文档的内容发生了变化，例如改变了标题或者所在的页，则需要更新目录，使它与文档的内容保持一致。Word 2010 会自

动完成这项工作。

在创建了目录后,如果想改变目录的格式或者显示的标题数等内容,可以再执行一遍创建目录的操作,重新选择格式、显示级别等选项。在单击"目录"选项卡中的"确定"按钮后,屏幕上会出现图 7-36 所示的对话框,询问是否替换选定的目录。如果选择"确定",那么 Word 2010 就会用创建的目录替换原有的目录。

在文档的内容发生变化后,如果想更新目录以适应文档的变化,请在目录中的任意处单击鼠标右键,然后在图 7-37 所示的快捷菜单中单击"更新域"选项,出现图 7-38 所示的对话框,根据提示选择相应项,Word 2010 就会更新目录。

图 7-36 重新建立目录提示

图 7-37 更新域

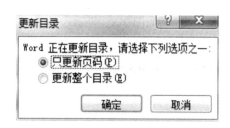

图 7-38 "更新目录"对话框

快捷更新方法:在目录中单击鼠标左键,然后按下 F9 键。

如果要删除目录,首先将鼠标指针移到要删除的目录第一行左边页面的空白处,待鼠标指针变为右上方的箭头后,单击鼠标左键,整个目录都会被加亮显示。按下 Delete 键,整个目录就会被删除。

【技能训练】

论文排版:

见素材"文档管理系统毕业设计范例.doc",在这个毕业设计中,有封面及按照多级编号编制的论文的正文,而且文档比较长,因此可以利用本项目中的方法进行排版。

要求:

封面单独一页,不写页码。

自动生成目录,设置大纲级别后提取目录,单独成一页。

设置页眉、页脚,按奇、偶页不同设置页眉,偶数页写论文名称,奇数页写一级编号。

除封面外都设置页码。

项目八

学生成绩信息表的制作

【项目目标】

本项目的目标是利用 Excel 2010 制作学生成绩信息表及常用的一类电子信息表格，用于存储相关的各种基本信息，要求制作表格美观大方，格式及结构设置合理，具有一定通用性，并能通过合理设置，将表格按不同需求打印输出。学生成绩信息表效果如图 8-1 所示。

学生成绩信息表

学号	姓名	所在学院	专业	籍贯	出生日期	联系电话	家庭住址	语文	数学	综合	生物	英语	入学总成绩	入学平均成绩
sy2014050001	张小明	电信学院	计算机科学	山西	1990年7月	029	晋中市	87	87	76	65	87	402	80.4
sy2014050002	王小虎	经贸学院	电商	陕西	1990年7月	029	西安市灞桥区	95	95	65	76	87	418	83.6
sy2014050003	赵大壮	机电学院	机制	陕西	1990年8月	02982601843	西安市灞桥区	76	87	76	76	95	410	82
sy2014050004	钱大章	电信学院	电脑艺术	山西	1990年9月	02982601844	晋中市	65	65	87	95	65	377	75.4
sy2014050005	王小祥	机电学院	机制	河南	1990年10月	02982601845	洛阳市	95	95	87	87	65	429	85.8
sy2014050006	李成强	电信学院	计算机科学	陕西	1990年11月	02982601846	西安市灞桥区	54	76	76	54	95	355	71
sy2014050007	王瑞峰	经贸学院	电商	山西	1990年12月	02982601847	晋中市	95	54	95	87	87	418	83.6
sy2014050008	牟小亮	电信学院	电信	河南	1991年1月	02982601848	洛阳市	76	76	54	54	87	347	69.4
sy2014050009	庄小强	机电学院	机制	陕西	1991年2月	02982601849	西安市灞桥区	69	76	69	69	95	378	75.6
sy2014050010	张文强	经贸学院	国商	山西	1991年3月	02982601850	晋中市	95	95	65	98	76	429	85.8
sy2014050011	赵四虎	经贸学院	电商	山西	1991年4月	02982601851	晋中市	54	76	69	69	76	344	68.8

图 8-1　学生成绩信息表效果

【需求分析】

学生成绩信息表主要用于存储和管理学生成绩的各种基本信息，并可以进行相关成绩的自动计算及相关格式设置，实现打印输出。在数据超载的时代，各类学校、政府及大中型企业在业务流程电子化的过程中，有大量的数据需要实时的电子化存储和管理，信息化表格必不可少，因此制作信息化表格是相关人员的必备技能之一。

【方案设计】

1. 总体设计

首先建立工作簿文件，并在默认工作表中输入对应的数据，并对整体表格进行格式设置，美化工作表，删除多余的工作表，给现有工作表重命名，关闭并保存工作簿文件，同时设置相应工作簿的安全性。

然后对保存后的工作表进行页面设置，并按要求对工作表进行打印预览操作。

2. 任务分解

任务 1：新 Excel 工作簿的建立及保存；

任务2：数据的输入；
任务3：单元格格式设置；
任务4：创建公式，自动计算学生各科成绩；
任务5：工作表管理；
任务6：Excel 常规选项设置；
任务7：工作表的页面设置。

3．知识准备

1）单元格

单元格就是工作表中的一个小方格，是存储数据的最小单位，由列标加行标标识每个单元格。

2）单元格区域

单元格区域是被选择的多个单元格的总称。

"A1：D3"这种表示不正确，中间的冒号应该为英文冒号。"A1:D3"表示 A1 到 D3 的矩形单元格区域。

3）工作簿与工作表

工作簿是用来组织和管理工作表的文件（*.xlsx），工作表就是一张表格（如 Sheet1、Sheet2……），是单元格的集合。

4）网格线

在编辑区显示的单元格边框分隔参考线，是一种辅助线条。

5）页边距

页边距是指页面四周的空白区域，即打印内容到页边缘上、下、左、右的距离。

【方案实现】

任务1：新 Excel 工作簿的建立及保存

1．任务描述

工作簿是 Excel 2010 创建的默认文件存储格式，扩展名为".xlsx"，其由多个工作表组成，建立的空白工作簿默认由 Sheet1、Sheet2、Sheet3 三张工作表组成。首先应该掌握工作簿的建立、命名、保存及安全设置方法。

2．操作步骤

（1）在已安装有 Office 2010 的计算机上，单击桌面左下角的"开始"菜单，选择"所有程序"子菜单，选择"Microsoft Office"下一级菜单中的"Microsoft Office Excel 2010"命令，如图 8-2 所示，并单击鼠标执行程序。

（2）Excel 2010 启动后，默认打开一个空白 Excel 工作簿，由 Sheet1、Sheet2、Sheet3 三张工作表组成，默认定位在 Sheet1 工作表，此时可以输入数据，如图 8-2 所示。

（3）单击"文件"菜单，选择"保存"命令，这是第一次保存工作簿文件，将会自动弹出"另存为"对话框，如图 8-3 所示。

（4）"另存为"对话框由文件保存位置、文件名、保存类型三部分组成，顶部是文件保

项目八 学生成绩信息表的制作

存位置的设置,通过下拉菜单选择工作簿文件的保存位置,本项目选择"D:\"(D 盘根目录);在"文件名"后的文本框中输入新工作簿的文件名"学生成绩信息表",在"保存类型"下拉列表中选择"Excel 工作簿(*.xlsx)",如图 8-4 所示。

图 8-2 打开 Excel 2010 并新建工作簿

图 8-3 "文件"菜单中的"保存"命令

(5)如果要加强工作簿的安全性,可以通过设置工作簿的权限密码来加以保护。单击"另存为"对话框下方"工具"下拉菜单中的"常规选项"命令,弹出"常规选项"对话框,在该对话框中的"打开权限密码"和"修改权限密码"后的对话框中输入新的密码,单击"确定"按钮,此后再次打开该工作簿的时候会弹出对应的输入密码对话框,密码正确才可访问,如图 8-5 所示。

(6)各项设置完成,单击"保存"按钮,完成工作簿的保存。

- 129 -

图 8-4 "另存为"对话框

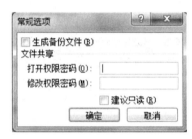

图 8-5 "常规选项"对话框

任务2：数据的输入

1. 任务描述

Excel 允许用户在工作表的单元格中输入中、英文字符，数字，公式等数据。在工作表中输入数据，首先要选中单元格，然后直接通过键盘在单元格中输入内容，或在编辑栏中输入内容。

2. 操作步骤

（1）单击选中单元格 A1，然后输入数据表标题"学生成绩信息表"。依次在 A3～O3 单元格中输入"学号""姓名""所在学院""专业""籍贯""出生日期""联系电话""家庭住址""语文""数学""综合""生物""英语""入学总成绩""入学平均成绩"等标题，如需对已输入的文字内容进行修改，则双击单元格，光标进入单元格后再选择对应文字进行相应操作。输入数据后的表格如图 8-6 所示。

（2）选中 A4 单元格，输入第一个学生的学号"sy201401050001"。

（3）使用 Excel 的自动填充功能快速输入其他学生的学号。单击 A4 单元格，将鼠标指

项目八 学生成绩信息表的制作

向该单元格右下角的小黑方块（填充柄），当指针变为黑色"+"字的时候，用鼠标拖动填充柄至单元格 A14，单击右下角的填充选项按钮，选择"填充序列"命令，然后释放鼠标左键。鼠标经过的 A5～A14 单元格将自动填充为"sy2014050002"～"sy2014050011"，如图 8-7 所示。

（4）接着输入"所在学院"及"专业"数据列，由于学院及专业重复值较多，可以采用不连续选取，一次填充的方法一次性填入以简化操作，所以依以下方法来填充内容：单击 C4 单元格，按下 Ctrl 键不放，鼠标单击其他要填入相同内容的 C7、C9、C11 单元格，然后在最后选取的 C11 单元格中输入"电信学院"，按"Ctrl + Enter"组合键，这些单元格被填入了相同的内容。依此方法填充重复值较多的"所在学院"及"专业"数据列，如图 8-8 所示。

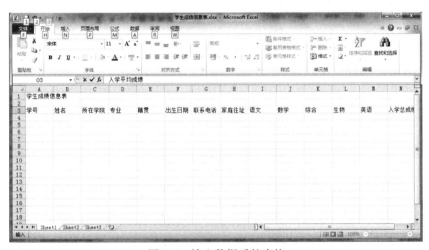

图 8-6　输入数据后的表格

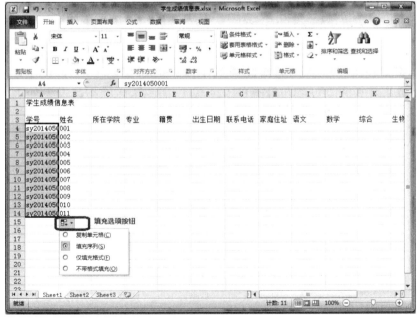

图 8-7　自动填充学生学号

- 131 -

图 8-8　填充重复值

（5）接着输入"出生日期"数据列。注意，Excel 单元格有数据类型之分，所以此列应按照日期格式来输入，如"1990－07－08"或"1990/07/08"。当完成某一单元格的数据输入后，单击 Enter 键可自动定位到下方的单元格，单击 Tab 键或向右方向键可定位到右方单元格继续输入数据。

（6）接着输入"联系电话"数据列。由于这两列数据的数字可能出现以 0 开头的情况，所以必须按照特殊方法输入，否则 0 开头的电话或较长数位的身份证号可能出现被错误识别的情况，如 029 被识别为 29，610481199007088760 被识别为 6.10481E＋17，这均与数据类型相关，所以在输入此类数字时，应该在数字前加'（半角单引号）如"'029"，将数字转换为不可参与计算的文本型数字，这样就不会发生如上错误，如图 8-9 所示。

图 8-9　录入文本型数字

（7）除"入学总成绩""入学平均成绩"数据列外，其他数据列按照通常的方法输入即可，当表中数填充完毕，即可利用已填入的各门课程成绩自动生成"入学总成绩"和"入学平均成绩"数据列。录入数据后的效果如图 8-10 所示。

项目八 学生成绩信息表的制作

学号	姓名	所在学院	专业	籍贯	出生日期	联系电话	家庭住址	语文	数学	综合	生物	英语	入学总成绩	入学平均成绩
sy2014050001	张小明	电信学院	计算机科学	山西	33062	029	晋中市	87	87	76	65	87		
sy2014050002	王小虎	经贸学院	电商	陕西	33062	029	西安市灞桥区	95	95	65	76	87		
sy2014050003	赵大壮	机电学院	机制	陕西	33093	02982601843	西安市灞桥区	76	87	76	76	95		
sy2014050004	钱大拿	电信学院	电脑艺术	山西	33124	02982601844	晋中市	65	65	87	95	65		
sy2014050005	王小祥	机电学院	机制	河南	33154	02982601845	洛阳市	95	95	87	87	65		
sy2014050006	李成强	电信学院	计算机科学	陕西	33185	02982601846	西安市灞桥区	54	76	76	54	95		
sy2014050007	王瑞峰	经贸学院	电商	山西	33215	02982601847	晋中市	95	54	95	87	87		
sy2014050008	牟小亮	电信学院	电信	河南	33246	02982601848	洛阳市	76	76	54	54	87		
sy2014050009	庄小强	机电学院	机制	陕西	33277	02982601849	西安市灞桥区	69	76	69	69	95		
sy2014050010	张文强	经贸学院	国商	山西	33305	02982601850	晋中市	95	95	65	98	76		
sy2014050011	赵四虎	经贸学院	电商	山西	33336	02982601851	晋中市	54	76	69	69	76		

图 8-10 录入数据后的效果

任务 3：单元格格式设置

1．任务描述

工作表数据输入完成后，还要对工作表进行必要的美化操作，即格式化工作表。基本的格式设置包括单元格字体、对齐方式、数字格式、边框底纹、行高和列宽以及填充及保护。

2．操作步骤

（1）单击 A1 单元格，选择"开始"选项卡，设置"字体"为"黑体"，"字形"为"加粗"，"字号"为"20 号"，如图 8-11 所示。

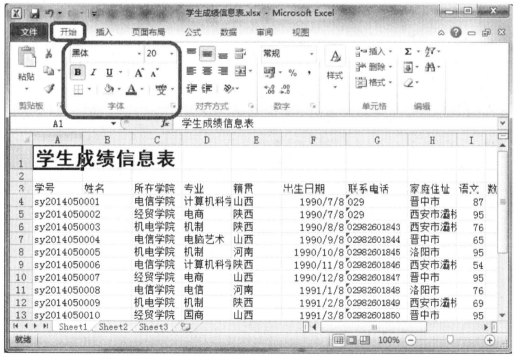

图 8-11 设置字体

- 133 -

(2) 用鼠标左键单击单元格 A3，拖动鼠标至单元格 O3，选中 A3～O3 区域，设置"字体"为"宋体"，"字体颜色"为"白色"，"字形"为"加粗"，操作参照第（1）步完成。

(3) 用鼠标左键拖动选中 A3～O14 单元格区域，然后选择"开始"选项卡，在"对齐方式"按钮区中选择"水平居中"及"垂直居中"按钮，如图 8-12 所示。

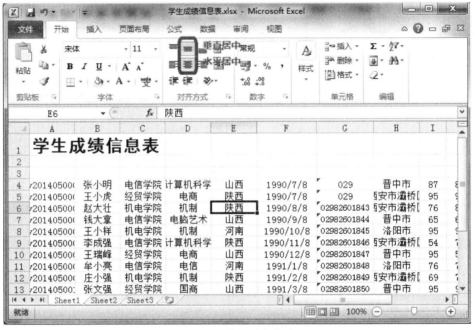

图 8-12　设置对齐方式

(4) 选中单元格区域 A1～O1，单击"对齐方式"按钮组中的"合并及居中"按钮，单元格区域合并成一个单元格 A1，并实现标题"学生成绩信息表"跨列居中，如图 8-13 所示。

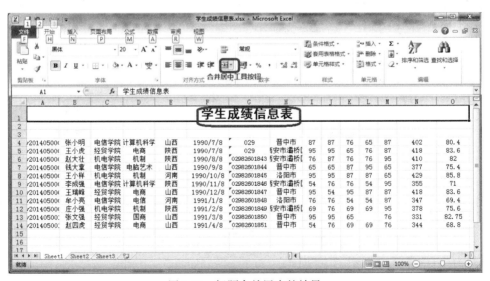

图 8-13　标题合并居中的效果

(5) 为了符合中国的日期表示习惯，拖动选中单元格 F4～F14 数据区域，在"开始"选项卡下，单击数字按钮组中右侧的快捷菜单按钮，打开"单元格格式"对话框，选中"数字"选项卡，从"分类"中选择"日期"格式，并在右边列表框中选择"2001 年 3 月"样例，单击"确定"按钮，该区域中的所有日期自动转换为"2001 年 3 月"的格式显示，如图 8-14 所示。

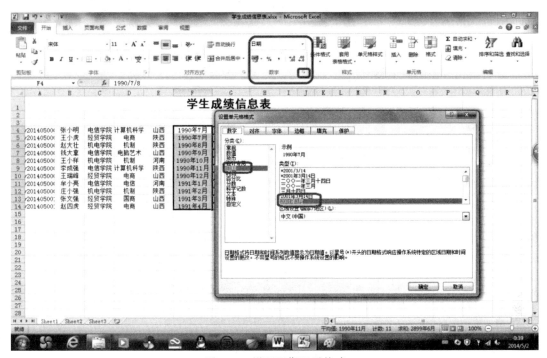

图 8-14 设置日期显示格式

(6) 设置完成，单击"确定"按钮，关闭对话框，返回工作表。

(7) 在工作表中，用户可以根据需要调整最适合列宽。将光标放置在 A 列列标上，并拖动其至 O 列，选中 A 列～O 列，将光标置于任意选中列标中间，双击鼠标左键，Excel 将自动根据单元格内容长度设置最合适列宽（刚好能容纳内容的宽度）。

(8) 选中列标题 A3～O3，单击"开始"选项卡中的"字体"按钮组中的"填充"工具按钮，选择填充颜色并单击，为 A3～O3 单元格填充"黑色，文字 1，淡色 35％"的填充颜色，如图 8-15 所示。

(9) 选中 A3：O14 所有的学生成绩信息记录，单击"开始"选项卡中的"字体"按钮组右下角的快捷菜单工具按钮，并单击打开"单元格格式"对话框，选择"边框"选项卡。

在"线条"选项区中的"样式"列表框中选择"细实线"样式，并单击"预置"选项区中的"内部"图标，为表格添加内部边框。

继续选择"样式"列表框中的"双线"样式，并单击"外边框"按钮，通过在"边框"区域单击"左边框"和"右边框"取消外部边框的左、右边框，如图 8-16 所示。

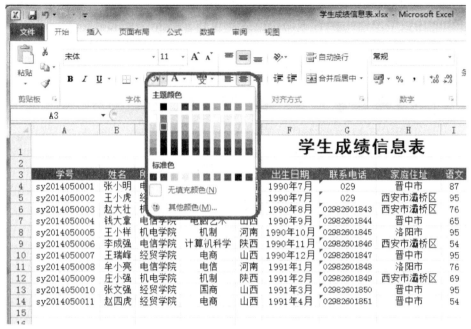

图 8-15 填充单元格底纹

图 8-16 "设置单元格格式"对话框中的"边框"选项卡

（10）在工作表中，用户可以根据需要统一调整行高。由于当前工作表中行高较小，要将行高调整成统一高度，则将光标放置在 3 行行标上，并拖动其至 14 行行标，选中 3～14 行，将光标置于所选中的任意行标中间，用鼠标拖动至合适行高，松开鼠标左键，这时选中行的行高被设置成统一的高度，如图 8-17 所示。

项目八 学生成绩信息表的制作

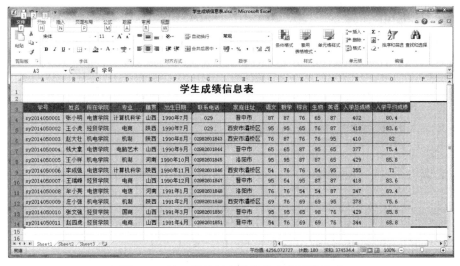

图 8-17 统一调整行高后的学生成绩信息表

任务 4：创建公式，自动计算学生各科成绩

1. 任务描述

在 Excel 2010 中，还可以通过编辑公式实现对数据的自动计算，本表中"入学总成绩"和"入学平均成绩"这两列数据从表格结构可以看出来，它们是由前面 5 列基本课程成绩计算得到的，所以可以利用基本的统计函数来对这两列数据进行计算，然后通过公式自动填充来完成数据的自动生成。

2. 操作步骤

（1）在 N4 单元格中输入"=SUM（I4：M4）"，按回车键，N4 单元格自动根据前面 5 个基本成绩计算得到结果，拖动 N4 单元格的自动填充柄向下拖动至 N14 单元格填充公式，生成该列数据结果，如图 8-18 所示。

图 8-18 求和函数公式

（2）在 O4 单元格中输入"=AVERAGE（I4：M4）"，按回车键，然后拖动 O4 单元格的自动填充柄向下拖动至 O14 单元格填充公式，生成该列数据结果，如图 8-19 所示。

图 8-19 平均函数公式

（3）通过拖动自动填充柄完成公式填充后，效果如图 8-20 所示。

图 8-20 填充公式后的效果

任务 5：工作表管理

1. 任务描述

Excel 2010 工作表有默认的 Sheet1、Sheet2、Sheet3 三个工作表，不方便识别，应该给工作表起一个贴切的名称，当工作表数目不符合要求的时候，可以增加或删除工作表。

2．操作步骤

（1）在 Excel 窗口下面的工作表标签区，用鼠标右键单击 Sheet1 标签，从快捷菜单中选择"重命名"命令，此时 Sheet1 工作表标签反显显示，直接在此输入新的工作表名"学生成绩信息表"，按 Enter 键确认，如图 8-21 所示。

图 8-21　给工作表标签重命名

（2）按住 Ctrl 键，并分别单击 Sheet2 和 Sheet3，选中这两张多余的工作表后，用鼠标右键单击选中区域，从快捷菜单中选择"删除"命令，多余的工作表就会从工作簿中被清除。

任务 6：Excel 常规选项设置

1．任务描述

Excel 2010 中的常规选项是用来对用户界面选项、工作初始选项及个性化选项进行设置的地方，可以由用户自己设置喜欢的配色环境，适当的字体、字号以及默认工作表个数等。

2．操作步骤

（1）单击"文件"菜单，在菜单下方有"选项"命令，如图 8-22 所示。

图 8-22　"Excel 选项"对话框的打开方法

（2）单击"选项"菜单命令，打开"Excel 选项"对话框，根据需要可以设置用户界面色彩方案及新建工作簿选项，此处不再演示，可以根据需要自行设置，如图 8-23 所示。

图 8-23　"Excel 选项"对话框

任务 7：工作表的页面设置

1．任务描述

为了达到更好的输出效果，打印前还需要对工作表进行必要的页面设置，包括页边距、纸张方向、纸张大小、按比例缩放、打印区域等基本设置。

2．操作步骤：

（1）单击"页面布局"选项卡，打开"页面设置"按钮组，如图 8-24 所示。

图 8-24　"页面设置"按钮组

(2)在"页面设置"按钮组中,单击"页边距"按钮,选择自定义页边距,弹出"页面设置"对话框,在对话框中的"上""下""左""右"数值框中分别输入 1 厘米的值,这样上、下、左、右边距就变为 1 厘米,将"居中方式"中的"水平"复选框选中,则整个表格在打印页水平居中打印,如图 8-25 所示。

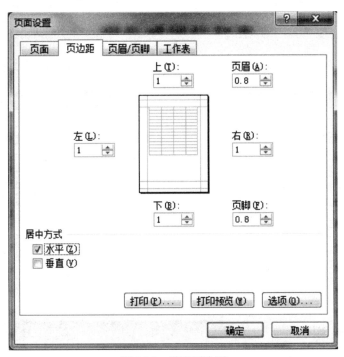

图 8-25　设置页边距

(3)单击"纸张方向"按钮,在弹出的菜单中选择"横向",这样表格将会在纸张上横向布局,可以容纳更多的数据列,如图 8-26 所示。

图 8-26　设置纸张方向

(4)单击"纸张大小"按钮,在弹出的菜单中选择"A4",如图 8-27 所示。

(5)拖动选中 A1:O14 单元格区域,单击"打印区域"按钮,执行"设置打印区域"命令,即可将选中区域设置为打印内容,如图 8-28 所示。

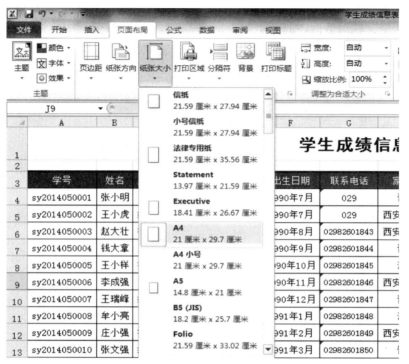

图 8-27 设置纸张大小

图 8-28 设置打印区域

（6）由于表格中数据列太多，有一部分数据列不能放在同一纸张中显示，所以需要执行"缩放打印"命令，将"缩放比例"调整为95%，通过页面上显示的虚线可以看出，全部数据列可以在同一纸张中显示了，如图8-29显示。

（7）单击"文件"菜单，执行"保存"命令，保存当前工作簿并关闭当前窗口。

【知识拓展】

1．数据输入方式。

1）快速输入数据

（1）调整设置。

如果希望在单元格中自动换行，请选择要设置格式的单元格，然后在"开始"选项卡上的"对齐方式"组中单击"自动换行"命令。

项目八 学生成绩信息表的制作

学号	姓名	所在学院	专业	籍贯	出生日期	联系电话	家庭住址	语文	数学	综合	生物	英语	入学总成绩	入学平均成绩
sy2014050001	张小明	电信学院	计算机科学	山西	1990年7月	029	晋中市	87	87	76	65	87	402	80.4
sy2014050002	王小虎	经贸学院	电商	陕西	1990年7月	029	西安市灞桥区	95	95	65	76	87	418	83.6
sy2014050003	赵大壮	机电学院	机制	陕西	1990年8月	02982601843	西安市灞桥区	76	87	76	76	95	410	82
sy2014050004	钱大拿	电信学院	电脑艺术	山西	1990年9月	02982601844	晋中市	65	65	87	95	65	377	75.4
sy2014050005	王小祥	机电学院	机制	河南	1990年10月	02982601845	洛阳市	缺考	95	87	87	缺考	269	89.66666667
sy2014050006	李成强	电信学院	计算机科学	陕西	1990年11月	02982601846	西安市灞桥区		76	76	缺考	95	301	75.25
sy2014050007	王瑞峰	经贸学院	电商	山西	1990年12月	02982601847	晋中市	95		95	87	87	418	83.6
sy2014050008	牟小亮	电信学院	电信	河南	1991年1月	02982601848	洛阳市	76	缺考	54		87	271	67.75
sy2014050009	庄小强	机电学院	机制	陕西	1991年2月	02982601849	西安市灞桥区	69		69	69	95	378	75.6
sy2014050010	张文强	经贸学院	国商	山西	1991年3月	02982601850	晋中市	95	95	65	98	76	429	85.8
sy2014050011	赵四虎	经贸学院	电商	山西	1991年4月	02982601851	晋中市		76	69	69	76	344	68.8

图 8-29 设置缩放比例

若要将列宽和行高设置为根据单元格中的内容自动调整，请选中要更改的列或行，然后在"开始"选项卡上的"单元格"组中单击"格式"命令。在"单元格大小"下，单击"自动调整列宽"或"自动调整行高"命令。

（2）输入数据。

单击某个单元格，然后在该单元格中键入数据，按 Enter 键或 Tab 键移到下一个单元格。若要在单元格中另起一行输入数据，请按"Alt + Enter"组合键输入一个换行符。

若要输入一系列连续数据，例如日期、月份或渐进数字，请在一个单元格中键入起始值，然后在下一个单元格中再键入一个值，建立一个模式。例如，如果要使用序列"1、2、3、4、5……"，请在前两个单元格中键入"1"和"2"。选中包含起始值的单元格，然后拖动填充柄，涵盖要填充的整个范围。要按升序填充，请从上到下或从左到右拖动。要按降序填充，请从下到上或从右到左拖动。

（3）设置数据格式。

若要应用数字格式，请单击要设置数字格式的单元格，然后在"开始"选项卡上的"数字"组中，指向"常规"，然后单击要使用的格式。

若要更改字体，请选中要设置数据格式的单元格，然后在"开始"选项卡上的"字体"组中，单击要使用的格式。

2）通过". txt"文档导入

如果已有数据内容，希望把数据加载到 Excel 工作表中，可以通过 txt 文件格式向 Excel 工作表导入数据，步骤如下：

（1）打开 Excel 2010，单击"数据"选项卡，从左侧的"获取外部数据"菜单中选择"自文本"选项，如图 8-30 所示。

图 8-30 文本导入选项

(2) 在"导入文本文件"对话框中选择需要导入的文件,单击"导入"按钮,如图 8-31 所示。

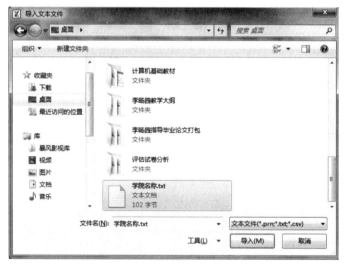

图 8-31 "导入文本文件"对话框

(3) 打开"文本导入向导–第 1 步,共 3 步"对话框并选择"分隔符号"选项。单击"下一步"按钮,如图 8-32 所示。

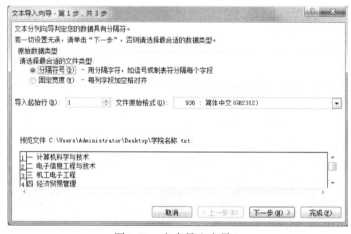

图 8-32 文本导入向导 1

（4）打开"文本导入向导 – 第 2 步，共 3 步"对话框，并添加分列线，单击"下一步"按钮，如图 8-33 所示。

（5）打开"文本导入向导 – 第 3 步，共 3 步"对话框，在"列数据格式"组合框中选中"文本"，然后单击"完成"按钮，如图 8-34 所示。

（6）此时会弹出一个"导入数据"对话框，选择"新工作表"，按"确定"按钮，如图 8-35 所示。

（7）返回 Excel 工作表，就可以看到数据导入成功了，而且排列整齐，如图 8-36 所示。

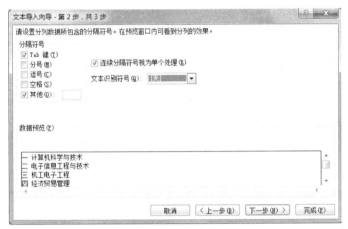

图 8-33　文本导入向导 2

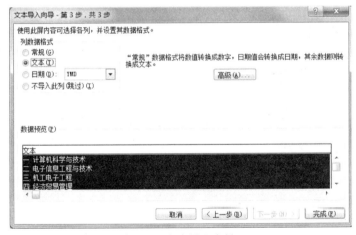

图 8-34　文本导入向导 3

图 8-35　"导入数据"对话框

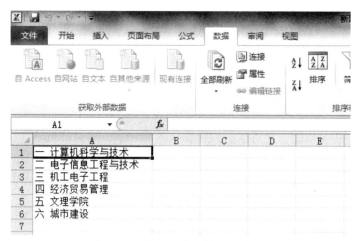

图 8-36　导入文本文档后的效果

2．单元格操作

1）插入单元格、行和列

首先选中单元格 B2，再用鼠标右键单击菜单选中"插入"命令，如图 8-37 所示。

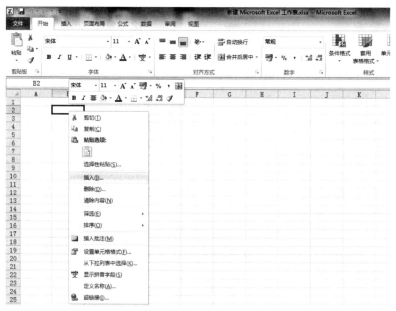

图 8-37　插入单元格快捷菜单

打开"插入"对话框，如图 8-38 所示，这时可以看到 4 个选项：
(1) 活动单元格右移：表示在选中单元格的左侧插入一个单元格；
(2) 活动单元格下移：表示在选中单元格的上方插入一个单元格；
(3) 整行：表示在选中单元格的上方插入一行；
(4) 整列：表示在选中单元格的左侧插入一行。

2）删除单元格、行和列

首先选中单元格 B3，再用鼠标右键单击菜单选中"删除"命令，如图 8-39 所示。

图 8-38　插入单元格对话框

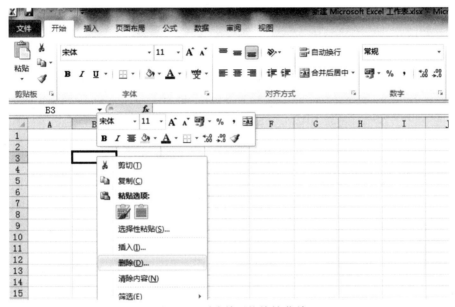

图 8-39　删除单元格快捷菜单

打开"删除"对话框，如图 8-40 所示，这时可以看到 4 个选项：
（1）右侧单元格左移：表示删除选中单元格后，该单元格右侧的整行向左移动一格；
（2）下方单元格上移：表示删除选中单元格后，该单元格下方的整列向上移动一格；
（3）整行：表示删除该单元格所在的一整行；
（4）整列：表示删除该单元格所在的一整列。

图 8-40　"删除"对话框

3）添加、删除批注

单元格批注指的是用于说明单元格内容的说明性文字，它可以帮助 Excel 工作表使用者了解该单元格的意义。在 Excel 2010 工作表中可以添加单元格批注，操作步骤如下：

（1）打开 Excel 2010 工作表，单击选中需要添加批注的单元格 D6。

（2）单击"审阅"选项卡，切换至"审阅"功能区，在"批注"分组中单击"新建批注"按钮，如图 8-41 所示。

图 8-41　单击"新建批注"按钮

提示：用户也可以用鼠标右键单击被选中的单元格，在打开的快捷菜单中选择"插入批注"命令。

（3）在"批注"分组中单击"编辑批注"按钮，打开 Excel 2010 批注编辑框，在默认情况下第一行将显示当前系统用户名。用户可以根据实际需要保留或删除姓名，然后输入批注内容即可，如图 8-42 所示。

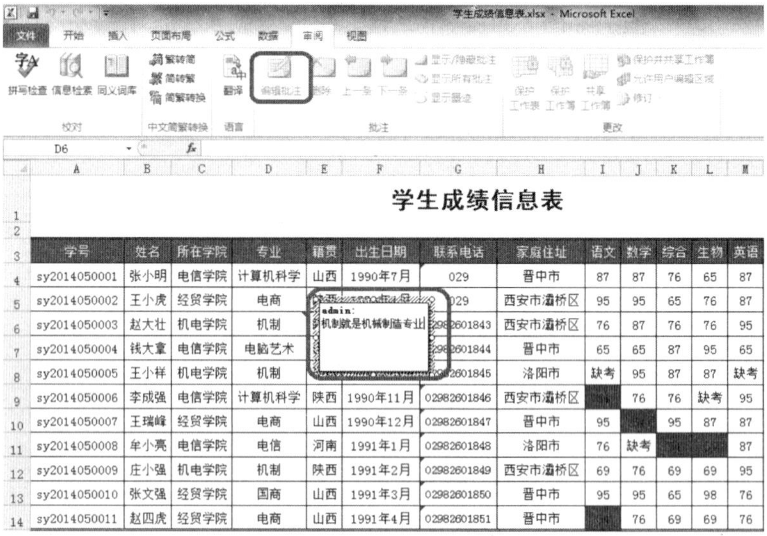

图 8-42　编辑批注内容

如果 Excel 2010 工作表中的单元格批注失去存在的意义，用户可以将其删除。打开 Excel 2010 工作表窗口，用鼠标右键单击含有批注的单元格，在打开的快捷菜单中选择"删除批注"命令即可。

4）插入超链接及批量删除超链接

在制作 Excel 工作表时，通常会添加一些超链接，以让表格内容更丰富。下面介绍在 Excel 2010 中如何为单元格添加超链接和批量删除已有超链，操作步骤如下：

（1）选中需要添加超链接的"晋中市"所在单元格 H4，用鼠标右键单击菜单选中"超链接"选项，如图 8-43 所示。

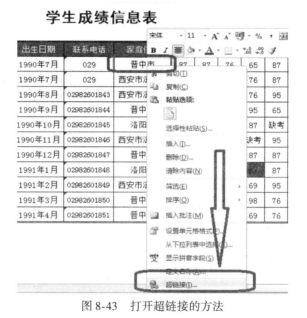

图 8-43　打开超链接的方法

（2）打开"插入超链接"对话框，这时可以输入网站地址，也可以选择本地的文件等，本项目中在地址栏中输入"http：//baike.so.com/doc/5346217.html"（一个关于晋中市介绍的网页链接），设置完成后单击"确定"按钮，如图 8-44 所示。

（3）超链接添加完成后可以看到图 8-45 所示的效果。

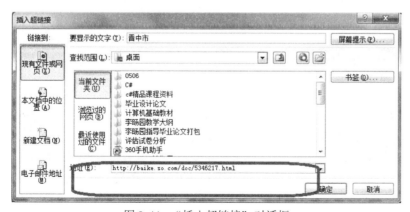

图 8-44　"插入超链接"对话框

图 8-45 超链接效果

（4）批量取消 Excel 单元格中超链接的方法非常多，但 Excel 2010 以前的版本都没有提供直接的方法，在 Excel 2010 中直接使用功能区或鼠标右键菜单中的命令就可以了。

选择所有包含超链接的单元格。无须按 Ctrl 键逐一选择，只要所选区域包含有超链接的单元格即可。要取消工作表中的所有超链接，按 "Ctrl + A" 超链接或单击工作表左上角行标和列标交叉处的全选按钮选择整个工作表。在功能区中选择 "开始" 选项卡，在 "编辑"组中单击 "清除" → "清除超链接" 命令即可取消超链接。但该命令未清除单元格格式，如果要同时取消超链接和清除单元格格式，则选择 "删除超链接" 命令，如图 8-46 所示。

图 8-46 删除超链接

也可以用鼠标右键单击所选区域，然后在快捷菜单中选择 "删除超链接" 命令删除超链接。

3．样式修饰

1）行高和列宽

通过设置 Excel 2010 工作表的行高和列宽，可以使 Excel 2010 工作表更具可读性。在 Excel 2010 工作表中设置行高和列宽的步骤如下：

（1）打开 Excel 2010 工作表窗口，选中需要设置高度或宽度的行或列。

（2）在 "开始" 功能区的 "单元格" 分组中单击 "格式" 按钮，在打开的菜单中选择 "自动调整行高" 或 "自动调整列宽" 命令，则 Excel 2010 将根据单元格中的内容进行自动调整，如图 8-47 所示。

项目八 学生成绩信息表的制作

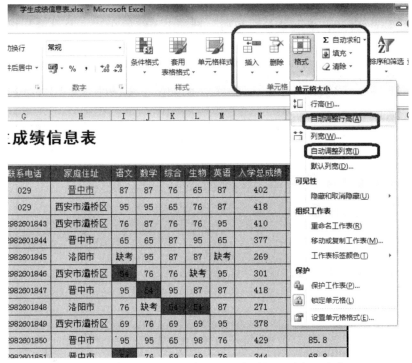

图 8-47 "自动调整行高"及"自动调整列宽"命令

(3) 用户还可以单击"行高"或"列宽"按钮,打开"行高"或"列宽"对话框。在编辑框中输入具体数值,并单击"确定"按钮即可,如图 8-48 所示。

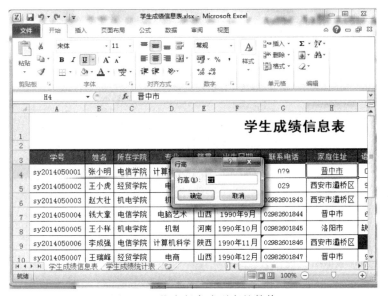

图 8-48 指定行高或列宽的数值

2) 添加背景图片

在使用 Excel 表格时,若认为没有变化的白底背景太过单一,可以为 Excel 表格添加背景,让 Excel 表格更具活力。

- 151 -

操作步骤如下：

（1）打开 Excel 2010，单击"页面布局"选项卡，然后在"页面设置"组中选择"背景"，如图 8-49 所示。

图 8-49　设置工作表背景

（2）弹出"工作表背景"对话框，从电脑中选择自己喜欢的图片，单击"插入"按钮。
（3）返回 Excel 表格，可以发现 Excel 表格的背景变成了刚刚设置的图片，如图 8-50 所示。

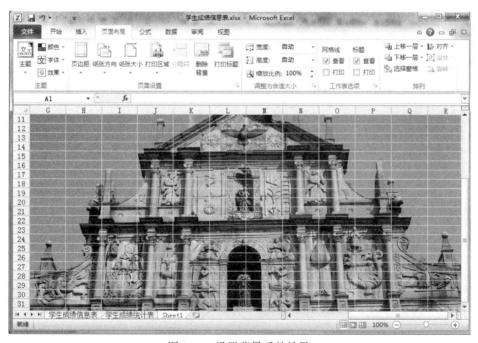

图 8-50　设置背景后的效果

（4）如果要取消背景，则单击"页面布局"选项卡下"页面设置"组中的"删除背景"按钮即可。

【技能训练】

（1）按照图 8-51 所示，根据对应数据显示格式建立工作表。

	A	B	C	D
1	格式类型	数据1	数据2	数据3
2	常规	12345.6	35954.05	0.12345
3	数字	12345.60	35954.05	0.12
4	货币	¥12,345.60	¥35,954.05	¥0.12
5	会计专用	¥ 12,345.60	¥ 35,954.05	¥ 0.12
6	短日期	1933/10/18	1998/6/8	1900/1/0
7	长日期	1933年10月18日	1998年6月8日	1900年1月0日
8	时间	14:24:00	1:12:00	2:57:46
9	百分比	1234560.00%	3595405.00%	12.35%
10	分数	12345 3/5	35954	1/8
11	科学计数	1.23E+04	3.60E+04	1.23E-01
12	文本	12345.6	35954.05	0.12345

图 8-51　数据格式效果

（2）根据图 8-52 所示建立数据表，并利用公式计算销售额。

	A	B	C	D	E
1	小卖部饮料销售情况表				
2	名称	单位	零售价	销售量	销售额
3	橙汁	听	¥ 2.80	156	
4	红牛	听	¥ 6.50	98	
5	健力宝	听	¥ 2.90	155	
6	可乐	听	¥ 3.20	160	
7	矿泉水	瓶	¥ 2.30	188	
8	美年达	听	¥ 2.80	66	
9	酸奶	瓶	¥ 1.20	136	
10	雪碧	听	¥ 3.00	24	

图 8-52　格式设置及公式数据表

（3）建立并统计图 8-53 所示表格中的总分及平均分。

	A	B	C	D	E	F	G
1	统计总分、均分						
2	姓名	语文	英语	数学	物理	化学	总分
3	杨玉兰	81	95	57	91	87	
4	龚成琴	47	96	88	67	84	
5	王莹芬	89	100	72	79	61	
6	石化昆	95	76	88	46	57	
7	班虎忠	89	84	90	57	54	
8	補态福	76	52	77	94	75	
9	王天艳	94	53	82	76	91	
10	安德运	66	92	78	48	57	
11	岑仕美	59	81	75	80	52	
12	杨再发	78	90	65	70	98	
13	平均分						

图 8-53　总分及平均分效果

项目九

学生成绩统计表的制作

【项目目标】

本项目利用 Excel 2010 的内置函数对已存储学生成绩表中的数据进行自动计算和处理，进行条件格式的显示及直观的数据图表显示。在实际生活中，为了能够直观的展现数据和分析数据，需要用折线图、柱形图或饼图表示表格中数据的比例关系，通过图表可以将抽象的数据形象化，便于理解及分析。项目效果如图 9-1 所示。

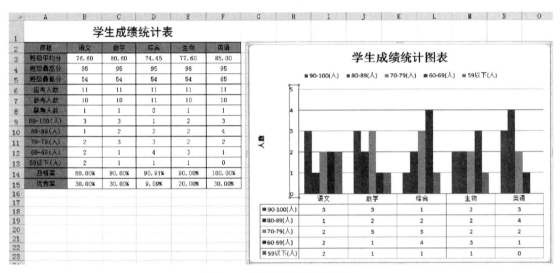

图 9-1 学生成绩统计表效果

【需求分析】

学生成绩统计表能够实现成绩的自动汇总，不同分数段人数的统计，及格率、优秀率等的计算，以及数据的图表表示，可更直观地表现数据。首先制作包含数据的基本电子表格，然后对相应单元格进行自动计算的设置，选定区域创建图表，并编辑图表至合适状态，以直观方式显示数据。

【方案设计】

1. 总体设计

创建工作簿文件，在工作表中建立学生成绩统计表，进行基本结构的设置，输入基本数据，并针对工作表中的特定数据，利用公式和函数计算各合计项，对数据表进行排序，最后，选中需要用图表表示的数据，制作图表，并编辑图表至合适状态。

2．任务分解

任务1：建立学生成绩统计表的结构；

任务2：利用计数函数进行学生成绩统计表的自动计算；

任务3：修改部分特定单元格的显示格式；

任务4：根据自定义条件进行条件格式设定；

任务5：插入图表及美化图表。

3．知识准备

1）公式

公式是 Excel 工作表中进行数值计算的等式。公式输入是以"="开始的。简单的公式有加、减、乘、除等计算。

例如：= 3×6 - 2

= A2 + B16

= C4/A6

复杂一些的公式可能包含函数（函数是预先编写的公式，可以对一个或多个值执行运算，并返回一个或多个值。函数可以简化和缩短工作表中的公式，尤其在用公式执行很长或复杂的计算时）、引用、运算符（运算符是一个标记或符号，指定表达式内执行的计算的类型，有数学、比较、逻辑和引用运算符等）和常量（常量是不进行计算的值，因此也不会发生变化）。

2）图表

图表泛指在屏幕中显示的，可直观展示统计信息属性（时间性、数量性等），对知识挖掘和信息直观生动地呈现起关键作用的图形结构。

条形图、柱状图、折线图和饼图是图表中四种最常用的基本类型。按照 Microsoft Excel 对图表类型的分类，图表类型还包括散点图、面积图、圆环图、雷达图等。此外，可以通过图表间的相互叠加来形成复合图表类型。

不同类型的图表具有不同的构成要素，如折线图一般有坐标轴，而饼图一般没有。归纳起来，图表的基本构成要素有：标题、刻度、图例和主体等。

【方案实现】

任务1：建立学生成绩统计表的结构

1．任务描述

根据学生成绩信息表的情况，建立适合学生成绩统计表的基本结构，设置合适的边框，并为工作表命名。

2．操作步骤

（1）打开项目八中所建立的"学生成绩信息表．xlsx"工作簿，单击新建工作表按钮，创建默认名为"Sheet1"的新工作表，将其重命名为"学生成绩统计表"，如图 9-2 所示。

图 9-2 创建"学生成绩统计表工作表"标签

（2）选中单元格区域 A1:F1，合并单元格，输入"学生成绩统计表"，并设置文字字体为黑体，字号为 18 号，文字整体居中显示，在 A2:F2 中的每个单元格中输入数据列标题，分别为"课程""语文""数学""综合""生物""英语"。在 A3:A15 中的每个单元格中分别输入对应的行标题，具体标题名称参照图 9-3。

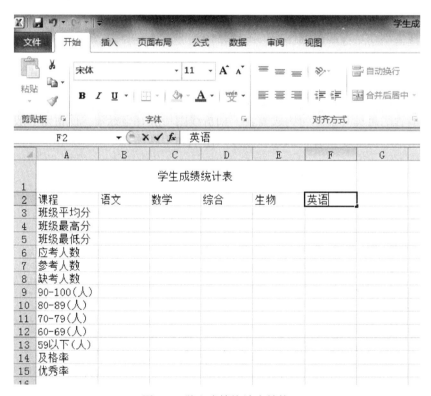

图 9-3 学生成绩统计表结构

（3）为整个表格设置边框和底纹格式，边框采用全细实线边框，标题均设置为浅蓝色底纹，标题字体设为宋体 10 号字，所有单元格对齐方式均设置为“水平居中”“垂直居中”，效果如图 9-4 所示。

	A	B	C	D	E	F
1	学生成绩统计表					
2	课程	语文	数学	综合	生物	英语
3	班级平均分					
4	班级最高分					
5	班级最低分					
6	应考人数					
7	参考人数					
8	缺考人数					
9	90-100(人)					
10	80-89(人)					
11	70-79(人)					
12	60-69(人)					
13	59以下(人)					
14	及格率					
15	优秀率					
16						

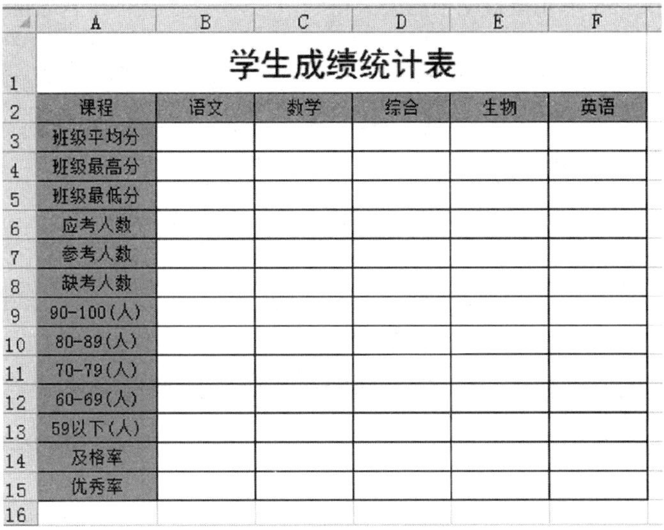

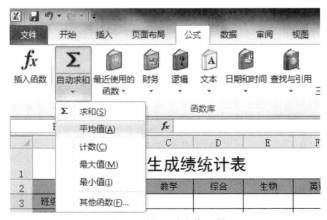

图 9-4　学生成绩统计表效果

任务 2：利用计数函数进行学生成绩统计表的自动计算

1. 任务描述

在学生成绩统计表中，通过添加计数函数计算每门课程的班级最高分、班级最低分、班级平均分、应考人数、参考人数、缺考人数、各成绩段人数、及格率以及优秀率。

2. 操作步骤

（1）单击选中学生成绩统计表中的 B3 单元格，单击“公式”选项卡，选择“自动求和”工具按钮的下拉列表，选择“平均值”命令，如图 9-5 所示。

图 9-5　插入平均值函数

(2）在 B3 单元格内出现"＝AVERAGE（）"，此时单击"学生成绩信息表"工作表标签换到学生成绩信息表页面，鼠标拖动选中"学生成绩信息表"中的 I4:I14 单元格区域，此时在公式栏显示生成的公式为"＝AVERAGE（学生成绩信息表！I4:I14）"，然后按回车键确认，返回学生成绩统计表中，B3 单元格自动根据公式得到"语文"数据列的平均成绩，如图 9-6 所示。

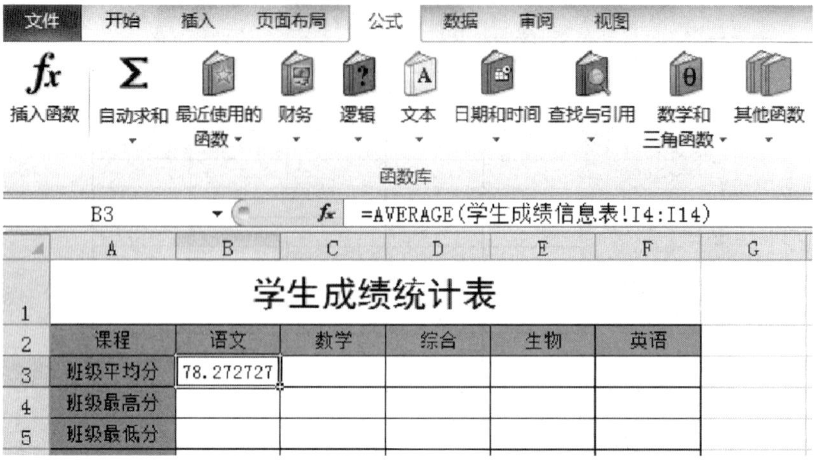

图 9-6 平均值函数的应用

（3）单击选中学生成绩统计表中的 B4 单元格，单击"公式"选项卡，选择"自动求和"工具按钮的下拉列表，选择"最大值"命令，在 B4 单元格内出现"＝MAX（）"，此时单击"学生成绩信息表"工作表标签换到学生成绩信息表页面，鼠标拖动选中学生成绩信息表中的 I4:I14 单元格区域，此时在公式栏显示生成的公式为"＝MAX（学生成绩信息表！I4:I14）"，然后按回车键确认，返回学生成绩统计表中，B4 单元格自动根据公式得到"语文"数据列的最高分，如图 9-7 所示。

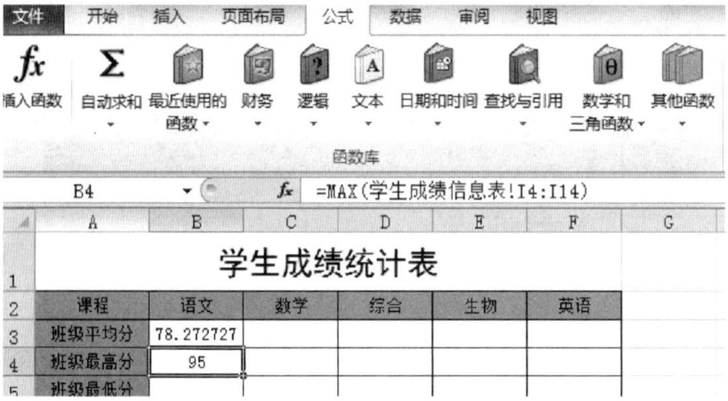

图 9-7 最大值函数的应用

（4）单击选中学生成绩统计表中的 B5 单元格，单击"公式"选项卡，选择"自动求和"工具按钮的下拉列表，选择"最小值"命令，在 B4 单元格内出现"＝MIN（）"，此时单击"学生成绩信息表"工作表标签换到学生成绩信息表页面，鼠标拖动选中学生成绩信息表中的 I4:I14 单元格区域，此时在公式栏显示生成的公式为"＝MIN（学生成绩信息表！

I4:I14)",然后按回车键确认,返回学生成绩统计表中,B5 单元格自动根据公式得到"语文"数据列的最低分,如图9-8所示。

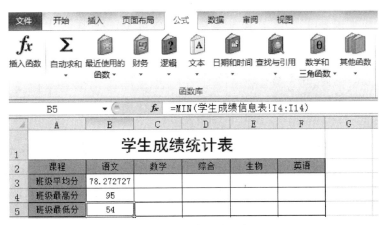

图 9-8 最小值函数的应用

(5)单击选中学生成绩统计表中的 B6 单元格,在 B6 单元格内输入 " = COUNTA(学生成绩信息表!I4:I14)",按回车键,单击选中学生成绩统计表中的 B7 单元格,在 B7 单元格内输入 " = COUNT(学生成绩信息表!I4:I14)",按回车键,单击选中学生成绩统计表中的 B8 单元格,在 B8 单元格内输入 " = COUNTIF(学生成绩信息表!I4:I14," = 缺考")",按回车键,得到图9-9所示的结果。

图 9-9 计数函数的结果

(6)单击选中学生成绩统计表中的 B9 单元格,在 B9 单元格内输入 " = COUNTIF(学生成绩信息表!I4:I14," > =90")",按回车键,单击选中学生成绩统计表中的 B10 单元格,在 B10 单元格内输入 " = COUNTIF(学生成绩信息表!I4:I14," > =80") –学生成绩统计表!B9",按回车键,单击选中学生成绩统计表中的 B11 单元格,在 B11 单元格内输入 " = COUNTIF(学生成绩信息表!I4:I14," > =70") – COUNTIF(学生成绩信息表!I4:I14," > =80")",按回车键,单击选中学生成绩统计表中的 B12 单元格,在 B12 单元格内输入 " = COUNTIF(学生成绩信息表!I4:I14," > =60") – COUNTIF(学生成绩信息表!I4:I14," > =70")",按回车键,单击选中学生成绩统计表中的 B13 单元格,在 B13 单元格内输入 " = COUNTIF(学生成绩信息表!I4:I14,"<60")",按回车键,得到图9-10所示的结果。

图 9-10 计算分段成绩人数

（7）单击选中学生成绩统计表中的 B14 单元格，在 B14 单元格内输入"= COUNTIF（学生成绩信息表！I4:I14," > = 60"）/COUNT（学生成绩信息表！I4:I14）"，按回车键，单击选中学生成绩统计表中的 B15 单元格，在 B15 单元格内输入"= COUNTIF（学生成绩信息表！I4:I14," > = 90"）/COUNT（学生成绩信息表！I4:I14）"，按回车键，得到图 9-11 所示的结果。

14	及格率	0.8				
15	优秀率	0.3				

图 9-11　计算及格率优秀率

（8）至此，学生成绩统计表中的第一列数据通过公式及函数已经计算出来，但其他课程的这些数据还未生成，接着可以通过以前学过的自动填充功能来完成其余数据的生成。以班级平均分为例，单击选中 B3 单元格，向右拖动 B3 单元格右下角的填充柄，从 B3 到 F3，如图 9-12 所示。

2	课程	语文	数学	综合	生物	英语
3	班级平均分	76.6	80.6	74.454545	77.6	85

图 9-12　自动填充班级平均分

（9）用步骤（8）中的方法，分别对以下各行数据自动填充，结果如图 9-13 所示。

	A	B	C	D	E	F
1	学生成绩统计表					
2	课程	语文	数学	综合	生物	英语
3	班级平均分	76.6	80.6	74.454545	77.6	85
4	班级最高分	95	95	95	98	95
5	班级最低分	54	54	54	54	65
6	应考人数	11	11	11	11	11
7	参考人数	10	10	11	10	10
8	缺考人数	1	1	0	1	1
9	90-100(人)	3	3	1	2	3
10	80-89(人)	1	2	2	2	4
11	70-79(人)	2	3	3	2	2
12	60-69(人)	2	1	4	3	1
13	59以下(人)	2	1	1	1	0
14	及格率	0.8	0.9	0.9090909	0.9	1
15	优秀率	0.3	0.3	0.0909091	0.2	0.3
16						

图 9-13　拖动填充后的结果

任务 3：修改部分特定单元格的显示格式

1. 任务描述

通过上表算出的数据可以看到"班级平均分"行有部分数据小数位数过长，"及格率""优秀率"行未按照常用的百分比显示，通过格式设置将"班级平均分"行的数据设为保留 2 位小数，将"及格率""优秀率"行的数据设置为百分比显示。

2．操作步骤

（1）选中单元格区域 B3:F3，单击"开始"选项卡，单击"数字"工具按钮组中的第 2 行第 4 个小数位数增加按钮，通过单击次数来决定保留小数位数，在此单击 2 次，数据就变为了保留 2 位小数的格式，如图 9-14 所示。

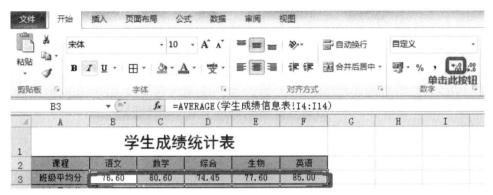

图 9-14　设置小数位数格式

（2）选中单元格区域 B3:F3，单击"开始"选项卡，单击"数字"工具按钮组中第 2 行第 2 个百分比按钮，通过单击来决定是否为百分比格式，在此单击，数据就变为百分比的格式，为调整百分比小数位数，可以通过继续单击增加小数位数按钮来增加 2 位百分比小数，如图 9-15 所示。

图 9-15　设置百分比格式

任务4：根据自定义条件进行条件格式设定

1. 任务描述

在通常的学生成绩信息表中数据记录很多，有很多不及格信息很难被很快地找出来，所以有必要通过条件格式对不及格信息所在单元格进行特殊格式标识，使这些单元格突出显示，以易于分辨。

2. 操作步骤

（1）切换到"学生成绩信息表"工作表，选中 I4:M14 这部分代表学生成绩的单元格区域，单击"开始"选项卡下的"样式"工具按钮组中的"条件格式"命令的下拉列表，选择"新建规则"命令，如图9-16所示。

图9-16 设置条件格式

（2）打开"新建格式规则"对话框，在对话框中单击"选择规则类型"中的第2项"只为包含以下内容的单元设置格式"，在"编辑规则说明"的下拉列表中选择"单元格值""小于"，在后面的文本框中输入"60"，单击"格式"按钮，打开"设置单元格格式"对话框，选择"填充"选项卡，设置红色填充色，如图9-17所示。

图9-17 "新建格式规则"对话框与"设置单元格格式"对话框

（3）单击"确定"按钮后，效果如图9-18所示，所有不及格成绩信息都用红色底纹标识，易于分辨，其他类型单元格均可通过此种方法进行设置。

学生成绩信息表

学号	姓名	所在学院	专业	籍贯	出生日期	联系电话	家庭住址	语文	数学	综合	生物	英语	入学总成绩	入学
sy2014050001	张小明	电信学院	计算机科学	山西	1990年7月	029	晋中市	87	87	76	65	87	402	8
sy2014050002	王小虎	经贸学院	电商	陕西	1990年7月	029	西安市灞桥区	95	95	65	76	87	418	8
sy2014050003	赵大壮	机电学院	机制	陕西	1990年8月	02982601843	西安市灞桥区	76	87	76	76	95	410	
sy2014050004	钱大章	电信学院	电脑艺术	山西	1990年9月	02982601844	晋中市	65	65	87	95	65	377	7
sy2014050005	王小祥	机电学院	机制	河南	1990年10月	02982601845	洛阳市	缺考	95	87	87	缺考	269	89.60
sy2014050006	李成强	电信学院	计算机科学	陕西	1990年11月	02982601846	西安市灞桥区	54	76	76	缺考	95	301	7
sy2014050007	王瑞峰	经贸学院	电商	山西	1990年12月	02982601847	晋中市	95	54	95	87	87	418	8
sy2014050008	牟小亮	电信学院	电信	河南	1991年1月	02982601848	洛阳市	76	缺考	54	54	87	271	6
sy2014050009	庄小强	机电学院	机制	陕西	1991年2月	02982601849	西安市灞桥区	69	65	69	66	69	378	6
sy2014050010	张文强	经贸学院	国商	山西	1991年3月	02982601850	晋中市	95	65	98	76		429	8
sy2014050011	赵四虎	经贸学院	电商	山西	1991年4月	02982601851	晋中市	54	76	69	69	76	344	6

图9-18 条件格式效果

任务5：插入图表及美化图表

1．任务描述

根据学生成绩统计表中的数据，建立图表，直观反映数据分布情况，并加以美化，设置图表格式。

2．操作步骤

（1）选中A2:F2单元格区域，按住Ctrl键不连续选取A9:F13，单击"插入"选项卡，打开"图表"选项中的"柱形图"下拉列表，单击第1个图标"簇状柱形图"，如图9-19所示。

（2）单击"簇状柱形图"图标后，根据选择数据，在编辑区内自动生成一个默认图表，如图9-20所示。

（3）这个时候生成的图表没有标题，也没有对应生成图表的表格数据，所以可以通过改变图表布局来增加图表标题与原始表格数据，此时单击生成的图表，Excel 2010的工具栏上增加了"图表工具"选项卡，并且工具栏上显示对应的工具选项，选择"图表布局"工具按钮组中的"布局5"，如图9-21所示。

（4）单击"布局5"后，图表发生了变化，增加了"标题"及"数据表格项"，拖动图表右下角的矩形点，改变图表大小，结果如图9-22所示。

（5）单击"图表标题"所在的文本框，将文字改为"学生成绩统计图表"，用同样的方法将坐标轴标题改为"人数"，如图9-23所示。

（6）通过上面的图表看到，表格中有图例显示，但不明显，如果希望额外增加用来表示不同颜色柱形所表示的含义，可以单击"图表工具"选项卡中的"布局"选项卡，并单击图例，选择图例位置，如图9-24所示。

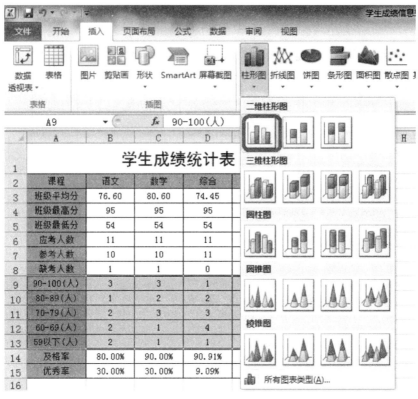

图 9-19 插入图表示例

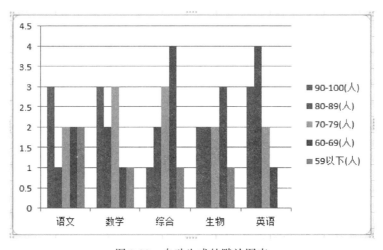

图 9-20 自动生成的默认图表

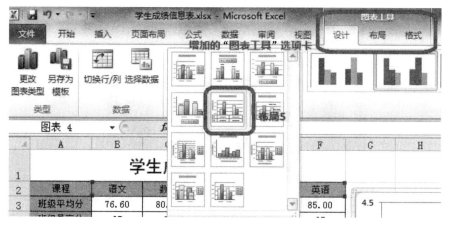

图 9-21 "图表工具"选项卡

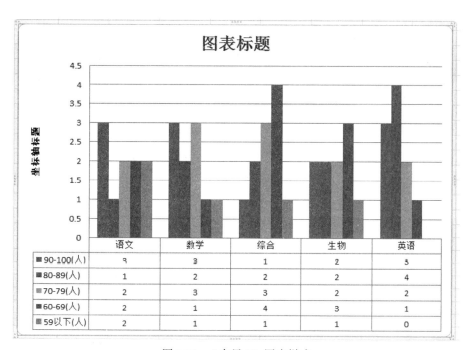

图 9-22 "布局 5"图表样式

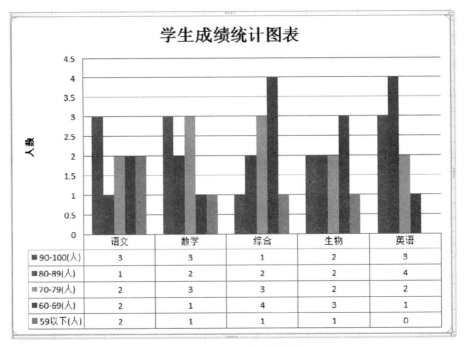

图 9-23　更改标题后的图表

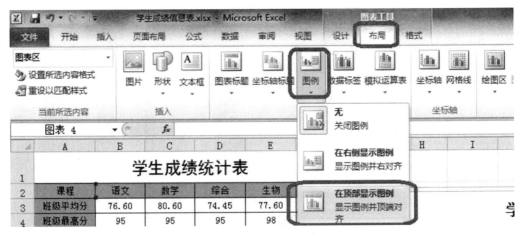

图 9-24　图例添加示例

（7）如果细心，可以发现纵坐标轴旁边有数值标识，并且有 0.5、1.5 等小数，而纵坐标轴代表的是人数，人数是都是整数，此时应该把坐标轴的数值改为整数，在数值中央单击鼠标右键，打开快捷菜单，选择"设置坐标轴格式"命令，如图 9-25 所示。

（8）打开"设置坐标轴格式"对话框，将"最大值"改为"固定"，值为"5"，将"主要刻度单位"改为"固定"，值为"0.1"，如图 9-26 所示。

项目九 学生成绩统计表的制作

图 9-25 设置坐标轴格式

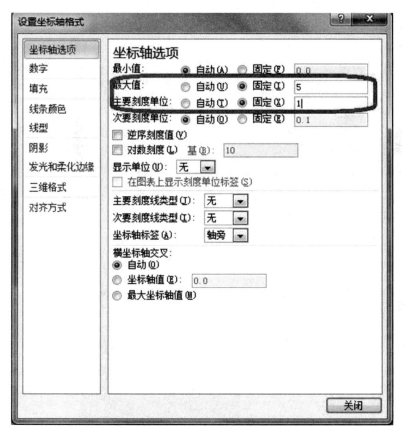

图 9-26 "设置坐标轴格式"对话框

（9）拖动改变图表位置，最终效果如图 9-27 所示。

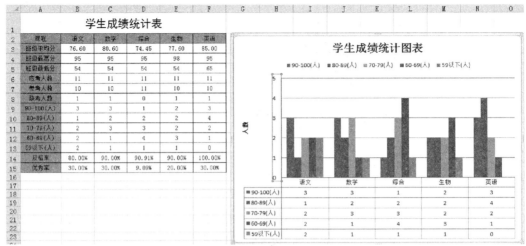

图 9-27 图表最终效果

【知识拓展】

图表是工作表数据的图形表示，用户可以很直观、容易地从中获取大量信息。Excel 2010 有很强的内置图表功能，可以很方便地创建各种图表。

Excel 2010 提供的图表有柱形图、条形图、折线图、饼图、XY（散点图）、面积图、圆环图、雷达图、曲面图、气泡图、股市图、圆锥、圆柱和棱锥图等十几种类型，而且每种图表还有若干子类型。

1. Excel 2010 图表的构成元素

一个图表区大致由图表标题、图例、绘图区、数据系列、数据标签、坐标轴、网格线、脚注等元素构成，如图 9-28 所示。

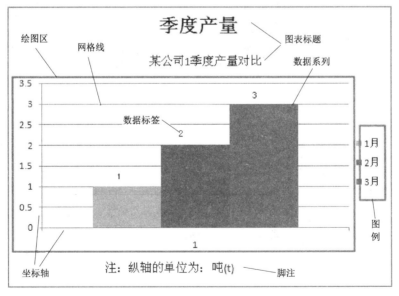

图 9-28 图表的构成元素

图表区主要分为绘图区、图表标题、图例三个组成部分。

（1）绘图区：指的是图表区内的图形表示的范围，即以坐标轴为边的长方形区域。对于绘图区的格式，可以改变绘图区边框的样式和内部区域的填充颜色及效果。

绘图区中包含以下五个项目：数据系列、数据标签、坐标轴、网格线、其他内容。

① 数据系列：数据系列对应工作表中的一行或者一列数据。

② 坐标轴：按位置不同可分为主坐标轴和次坐标轴，默认显示的是绘图区左边的主 Y 轴和下边的主 X 轴。

③ 网格线：用于显示各数据点的具体位置，同样有主次之分。

（2）图表标题：显示在绘图区上方的文本框中并且只有一个。图表标题的作用是简明扼要地表述图表的作用。

（3）图例：用来显示各个系列所代表的内容，由图例项和图例项标示组成，默认显示在绘图区的右侧。

2．Excel 2010 创建图表的四种方法

（1）按"Alt＋I＋H"组合键，可打开"插入图表"对话框，如图 9-29 所示。

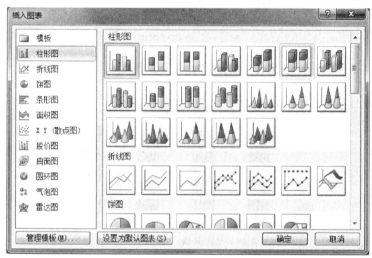

图 9-29　"插入图表"对话框

（2）选择工作表的数据源区域，按 F11 键，可以快速创建一个图表工作表。

（3）按"Alt＋F1"组合键，可快速在当前工作表中嵌入一个空白图表（进一步操作可以在工作表中选择数据源，然后在图表中粘贴，生成图表）。

（4）单击"插入"选项卡，在"图表"组中选择一种图表类型的按钮，并在下拉列表中选择一种子类型，即可创建一个图表，如图 9-30 所示。

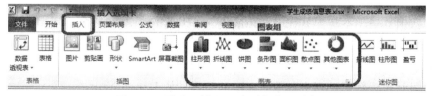

图 9-30　通过"插入"选项卡建立图表

3. Excel 2010 常用的四种图表类型

1）柱形图/条形图

（1）用途：显示一段时间内的数据变化或显示不同项目之间的对比。

（2）分类：

① 簇状柱形图：在前面的案例中已经应用过了簇状柱形图，此处不再重复介绍。

② 堆积柱形图：用来表现系列内总量的对比，如图9-31显示的1月和2月各版块的教程数量对比。

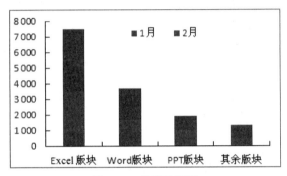

图9-31 堆积柱形图

③ 百分比堆积柱形图：用来强调比例，如图9-32所示。

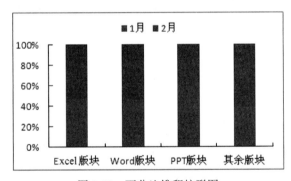

图9-32 百分比堆积柱形图

同样，条形图也可以分为簇状条形图、堆积条形图、百分比堆积条形图。条形图与柱形图的区别就是标签显示的内容可以比较长。

2）折线图/面积图

用途：显示随时间而变化的连续数据的趋势。面积图相对于折线图更强调量的变化，如图9-33所示。

3）饼图/环形图

用途：饼图显示一个数据系列中各项的大小，与各项总和成比例。饼图只有一个系列，而环形图可以有多个系列，如图9-34所示。

4）散点图

用途：显示若干数据系列中各数值之间的关系，如图9-35所示。

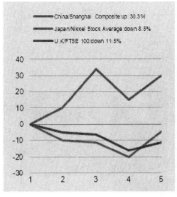
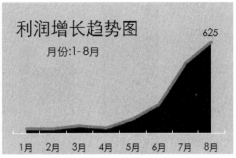

图 9-33　折线图/面积图示例

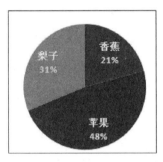
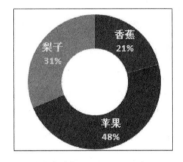

图 9-34　饼形图/环形图示例

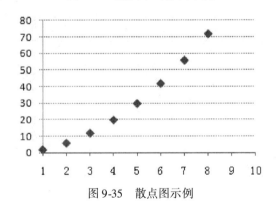

图 9-35　散点图示例

4．图表类型的选取原则
(1) 变化趋势、程度（折线图/面积图）；
(2) 变化量，排列、分布情况（柱形图/条形图）；
(3) 构成情况（扇形图/圆环图）；
(4) 因素分析 [XY（散点图）]。
5．数据系列、坐标轴的美化和修改
(1) 修改垂直坐标轴显示数字类型。

如图 9-36 所示，选中垂直坐标轴，单击鼠标右键，设置坐标轴格式，将 "0 万" 更改为 "0"，单击 "添加" 按钮，关闭对话框。

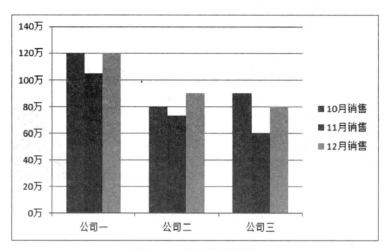

图 9-36　美化前的效果

(2) 修改水平坐标轴的显示文字。

① 目标：将"公司一""公司二""公司三"修改为"电脑""冰箱""手机"。

② 方法：选中水平坐标轴，单击鼠标右键，选择"数据"，打开"选择数据源"对话框，如图 9-37 所示。单击"水平（分类）轴标签"下面的"编辑按钮"，打开"轴标签"，在框中输入"电脑""冰箱""手机"，单击"确定"按钮。

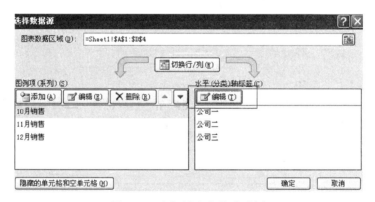

图 9-37　坐标轴文字修改示例

(3) 格式化数据系列。

① 复制工作表中预先设定好的柱条图片，单击"10月销售"系列，单击鼠标右键，设置数据系列格式，选择图片或纹理填充，单击"剪贴板"，关闭对话框，完成系列的美化。

② 复制小卡通图片 ，单击"12月销售"系列，单击鼠标右键，设置数据系列格式，选择图片或纹理填充，单击"剪贴板"，设置为"层叠并缩放，10 单位/图片"，关闭对话框，完成系列的美化。

③ 单击"11月销售"数据系列，更改系列为折线。复制左边的小三角形，选择数据标记填充，再选择图片或纹理填充，单击"剪贴板"。"数据标记选项"的数据标记类型为

"内置",大小为"12",标记线颜色为"无线条"。

(4)填充图表区颜色,在顶部显示图例,修改后效果如图9-38所示。

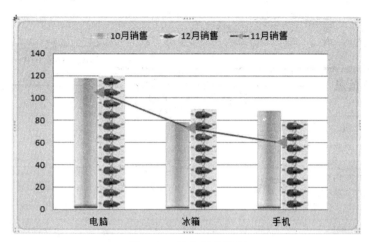

图9-38 美化后的效果

【技能训练】

(1)建立图9-39所示的数据表及图表。

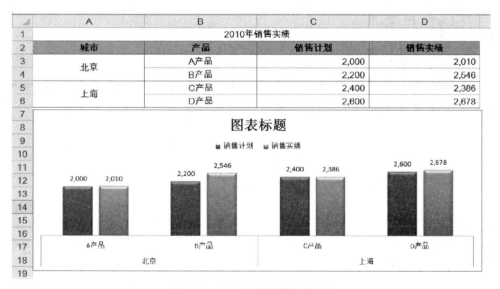

图9-39 2010销售实绩图表效果

(2)制作发货单。

注意自选图形的使用及文本框的使用及设置,效果如图9-40所示。

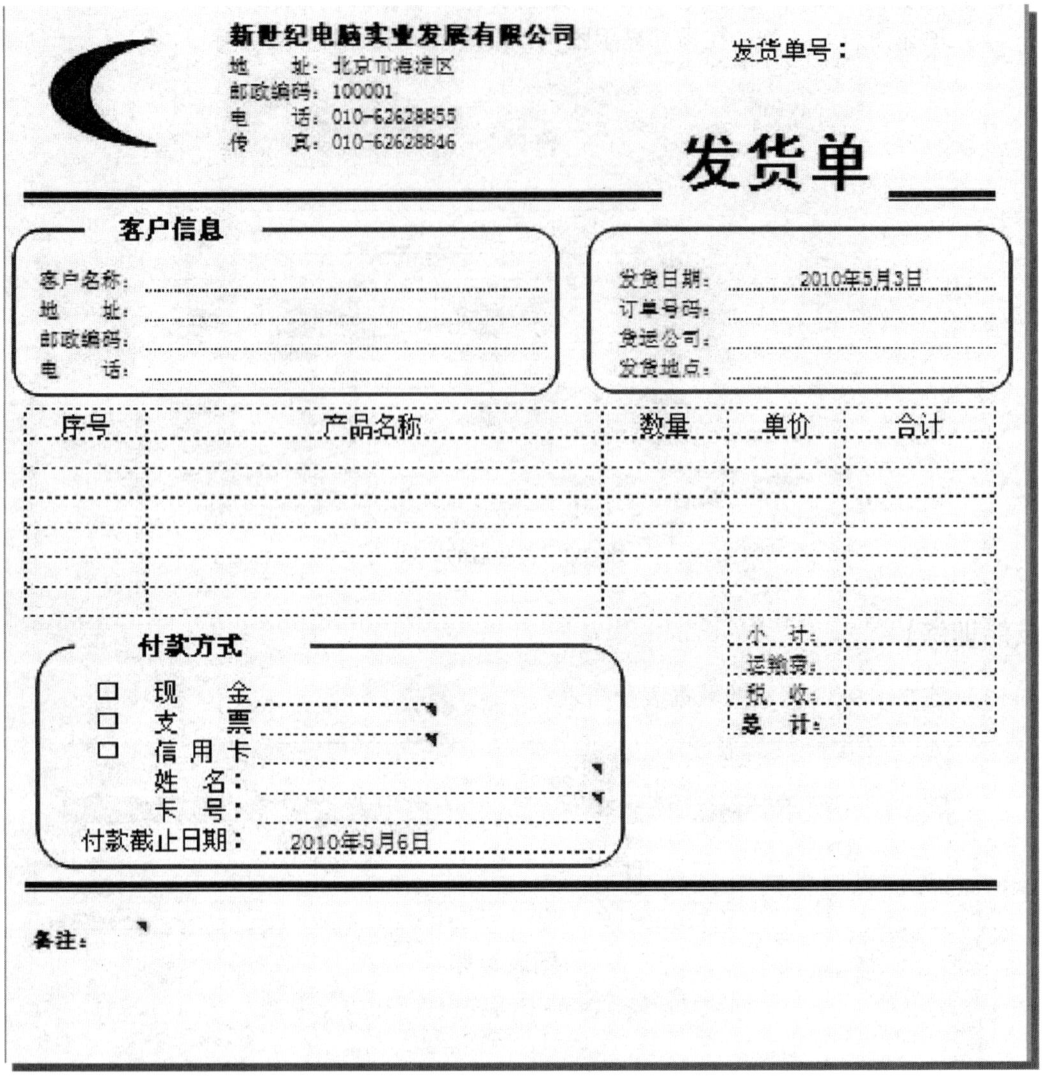

新世纪电脑实业发展有限公司

地　　址：北京市海淀区

邮政编码：100001

电　　话：010-62628855

传　　真：010-62628846

发货单号：

发货单

客户信息

客户名称：

地　　址：

邮政编码：

电　　话：

发货日期：2010年5月3日

订单号码：

货运公司：

发货地点：

序号	产品名称	数量	单价	合计

小　计：	
运输费：	
税　收：	
总　计：	

付款方式

□ 现　　金

□ 支　　票

□ 信 用 卡

姓　名：

卡　号：

付款截止日期：2010年5月6日

备注：

图 9-40　发货单效果

（3）产品市场份额统计表。

制作数据表格，输入数据，并根据数据按季度统计，并制作相应图表表示不同季度的数据，效果如图 9-41 所示。

某类产品市场份额统计表				
品牌	一季度	二季度	三季度	四季度
可乐	20.00%	23.01%	26.28%	26.28%
雪碧	16.78%	15.28%	15.01%	15.01%
橙汁	9.03%	8.69%	8.24%	8.24%
椰汁	8.70%	8.79%	8.31%	8.31%
汽水	6.40%	6.10%	6.41%	6.41%
红茶	3.10%	3.39%	3.41%	3.41%
绿茶	2.24%	2.50%	2.19%	2.19%
果珍	7.93%	7.56%	7.08%	7.08%
酸奶	8.49%	8.07%	8.37%	8.37%
露露	4.22%	3.65%	4.01%	4.01%
咖啡	13.11%	12.96%	10.69%	10.69%

图 9-41　产品市场份额统计表效果

项目十

员工工资表的制作

【项目目标】

员工工资表是记录公司工资明细情况的电子表格,用于统计及管理公司员工工资组成及个人所得税扣款,可以实现实发工资自动统计。当员工工资超过限额时,其可以自动标识。员工工资表效果如图 10-1 所示。

工号	姓名	出生年月	分公司	职务等级	基本工资	岗位津贴	生活补贴	应发工资	个人所得税	实发工资
\multicolumn{11}{c}{天行公司2014年5月员工工资表}
1	赵琳	1976年8月8日	北京	办事员	2200	500	220	2920	142	2778
2	赵宏伟	1965年6月7日	北京	厅级	3900	2000	220	6120	462	5658
3	张伟建	1968年5月30日	西安	厅级	3500	2000	220	5720	422	5298
4	杨志远	1969年11月25日	上海	处级	3200	1500	220	4920	342	4578
5	徐自立	1966年3月6日	上海	厅级	3800	2000	220	6020	452	5568
6	吴伟	1975年11月10日	西安	科级	2300	1000	220	3520	202	3318
7	王自强	1967年9月1日	武汉	厅级	3600	2000	220	5820	432	5388
8	王凯东	1981年10月25日	广州	办事员	2200	500	220	2920	142	2778
9	王建国	1979年8月1日	西安	办事员	2000	500	220	2720	122	2598
10	王芳	1973年8月16日	上海	科级	2600	1000	220	3820	232	3588
11	王尔卓	1977年5月7日	上海	办事员	2200	500	220	2920	142	2778
12	石明丽	1980年4月29日	北京	办事员	2200	500	220	2920	142	2778
13	刘国栋	1978年11月2日	武汉	办事员	2000	500	220	2720	122	2598
14	林晓鸥	1971年5月23日	武汉	处级	3000	1500	220	4720	322	4398
15	林秋雨	1969年2月26日	北京	处级	3300	1500	220	5020	352	4668
16	李晓明	1981年1月26日	上海	办事员	2200	500	220	2920	142	2778
17	李达	1978年2月3日	广州	办事员	2200	500	220	2920	142	2778
18	金羚	1974年5月15日	广州	科级	2500	1000	220	3720	222	3498
19	郭瑞芳	1972年11月17日	北京	科级	2700	1000	220	3920	242	3678
20	邓卓月	1970年8月24日	广州	处级	3100	1500	220	4820	332	4488
21	陈向阳	1975年2月11日	武汉	科级	2400	1000	220	3620	212	3408
22	陈伟达	1966年12月3日	广州	厅级	3700	2000	220	5920	442	5478
23	陈强	1972年2月19日	西安	处级	2900	1500	220	4620	312	4308

图 10-1 员工工资表效果

【需求分析】

员工工资表用于统计某公司员工的各项收入及扣款。首先制作电子表格的基本结构,通过合并单元格操作,制作合适的表格标题,录入基本数据,设置各类统计函数公式,实现收支的自动统计。设置有效性保护,避免在输入时出现错误。设置条件格式,对收支情况自动预警。

【方案设计】

1. 总体设计

建立新工作簿文件,并保存为指定名称,在默认工作表中建立收支明细表格结构,并进行基本结构设置,针对工作表中的合计数据,利用公式计算各合计项,利用函数设置分级工资,设置数据有效规则,保证输入数据的有效性及安全性。

2. 任务分解

任务1:建立员工工资表的结构;

任务2:使用公式及函数计算岗位津贴和个人所得税;

任务3:使用公式及函数计算各合计项;

任务4:验证数据的有效性;

任务5:美化工作表;

任务6:设置条件格式;

任务7:保护工作表。

3. 知识准备

1) 函数

Excel 所提供的函数其实是一些预定义的公式,它们使用一些称为参数的特定数值按特定的顺序或结构进行计算。用户可以直接用它们对某个区域内的数值进行一系列运算,如分析和处理日期值和时间值、确定贷款的支付额、确定单元格中的数据类型、计算平均值、排序显示和运算文本数据等。例如,SUM 函数对单元格或单元格区域进行加法运算。

2) 分类汇总

分类汇总就是按照用户指定的数据列,对数据分类,并(或)求和、求平均数、计数等。

例如某销售数据表中数据列 A 是店铺名,数据列 B 是销售商品名称,数据列 C 是商品单价,数据列 D 是单项商品销售额。那么,以数据列 A 分类,进行汇总,就可以求出各店铺的总销售额了。

3) 有效性验证

Excel 数据有效性验证使用户可以定义要在单元格中输入的数据类型,例如输入字母 A～F。用户可以设置数据有效性验证,以避免用户输入无效的数据,或者允许输入无效数据,但在结束输入后进行检查。用户还可以提供信息,定义期望在单元格中输入的内容,以及帮助改正错误的指令。

如果输入的数据不符合要求,Excel 将显示一条消息,其中包含用户提供的指令。

4) 工作表保护

工作簿就好像一个活页夹,工作表犹如其中的活页纸,每个工作簿可包括最多 255 个工作表。在工作中,同一工作簿中的某些工作表是共用的,而有些工作表却只能由某个人单独使用。这时,就要单独给某张(些)工作表设置保护措施,即设置工作表保护。

【方案实现】

任务1:建立员工工资表的结构

1. 任务描述

根据公司员工工资情况,建立适合员工工资表的基本结构,并命名工作表。

2. 操作步骤

(1) 新建一个 Excel 电子表格,打开"页面布局"菜单中的页面设置(图10-2),设置为 A4 纸，横向，左、右边距分别设置为 1.8，上、下边距设置为 1.8，并以"员工工资表"为名保存。

图 10-2　页面设置对话框

（2）将工作表 Sheet1 重命名为"5 月员工工资表"，并将其余未使用的工作表删除。

（3）在 A1 单元格中输入"天行公司 2014 年 5 月员工工资表"作为整个表的标题，并分别在 A2～K2 单元格中输入列标题，填写员工基本信息，具体标题项如图 10-3 所示。

	A	B	C	D	E	F	G	H	I	J	K
1	天行公司2014年5月员工工资表										
2	工号	姓名	出生年月	分公司	职务等级	基本工资	岗位津贴	生活补贴	应发工资	个人所得税	实发工资
3	1	赵琳				2200		220			
4	2	赵宏伟				3900					
5	3	张伟建				3500		220			
6	4	杨志远				3200					
7	5	徐自立				3800					
8	6	吴伟				2300					
9	7	王自强				3600					
10	8	王凯东				2200					
11	9	王建国				2000					
12	10	王芳				2600					
13	11	王尔卓				2200					
14	12	石明丽				2200					
15	13	刘国栋				2000					
16	14	林晓鸥				3000					
17	15	林秋雨				3300					
18	16	李晓明				2200					
19	17	李达				2200					
20	18	金玲				2500					
21	19	郭瑞芳				2700					
22	20	邓卓月				3100					
23	21	陈向阳				2400					
24	22	陈伟达				3700					
25	23	陈强				2900					

图 10-3　输入员工工资表的基本结构

(4) 将"工号"和"生活补贴"列以自动填充方式进行填写。

(5) 选定 C3～C25 单元格,选择"开始"菜单中的"格式"项,设置单元格格式为日期型,如图 10-4 所示。

图 10-4 设置单元格格式

任务 2:使用公式及函数计算岗位津贴和个人所得税

1. 任务描述

岗位津贴根据职务等级来计算:厅级职务津贴为 3 000 元,处级职务津贴为 2 000 元,科级职务津贴为 1 000 元,办事员职务津贴为 500 元。

个人所得税根据应发工资计算:1 000 元以下不扣税,1 000～2 000 元之间扣税 5%,2 000 元以上扣税 10%。

利用 IF 函数分别确定岗位津贴和个人所得税扣款。

2. 操作步骤

1) 计算岗位津贴

(1) 选定单元格 G3,在函数编辑栏中输入"= IF(E3 = "厅级",2000,IF(E3 = "处级",1500,IF(E3 = "科级",1000,500)))",如图 10-5 所示。

(2) 对 G4～G25 单元格进行自动填充。

2) 计算个人所得税

(1) 选定单元格 G3,在函数编辑栏中输入:"= IF(I3 < 1000,0,IF(I3 < 2000,(I3 - 1000)*0.05,1000*0.05 + (I3 - 2000)*0.1))",如图 10-6 所示。

	G3		fx	=IF(E3="厅级",2000,IF(E3="处级",1500,IF(E3="科级",1000,500)))						
	A	B	C	D	E	F	G	H	I	J	K
1	天行公司2014年5月员工工资表										
2	工号	姓名	出生年月	分公司	职务等级	基本工资	岗位津贴	生活补贴	应发工资	个人所得税	实发工资
3	1	赵琳	1976年8月8日	北京	办事员	2200	500	220			
4	2	赵宏伟	1965年6月7日	北京	厅级	3900		220			
5	3	张伟建	1968年5月30日	西安	厅级	3500		220			
6	4	杨志远	1969年11月25日	上海	处级	3200		220			
7	5	徐自立	1966年3月6日	上海	厅级	3800		220			
8	6	吴伟	1975年11月10日	西安	科级	2300		220			
9	7	王自强	1967年9月1日	武汉	厅级	3600		220			
10	8	王凯东	1981年10月25日	广州	办事员	2200		220			
11	9	王建国	1979年8月1日	西安	办事员	2000		220			
12	10	王芳	1973年8月16日	上海	科级	2600		220			
13	11	王尔卓	1977年5月7日	上海	办事员	2200		220			
14	12	石明丽	1980年4月29日	北京	办事员	2200		220			
15	13	刘国栋	1978年11月2日	武汉	办事员	2000		220			
16	14	林晓鸥	1971年5月23日	武汉	处级	3000		220			
17	15	林秋雨	1969年2月26日	北京	处级	3300		220			
18	16	李晓明	1981年1月26日	上海	办事员	2200		220			
19	17	李达	1978年2月3日	广州	办事员	2200		220			
20	18	金玲	1974年5月15日	广州	科级	2500		220			
21	19	郭瑞芳	1972年11月17日	北京	科级	2700		220			
22	20	邓卓月	1970年8月24日	广州	处级	3100		220			
23	21	陈向阳	1975年2月11日	武汉	科级	2400		220			
24	22	陈伟达	1966年12月3日	广州	厅级	3700		220			
25	23	陈强	1972年2月19日	西安	处级	2900		220			

图 10-5　IF 函数编辑（1）

	J3		fx	=IF(I3<1000,0,IF(I3<2000,(I3-1000)*0.05,1000*0.05+(I3-2000)*0.1))						
	A	B	C	D	E	F	G	H	I	J	K
1	天行公司2014年5月员工工资表										
2	工号	姓名	出生年月	分公司	职务等级	基本工资	岗位津贴	生活补贴	应发工资	个人所得税	实发工资
3	1	赵琳	1976年8月8日	北京	办事员	2200	500	220	2920	142	
4	2	赵宏伟	1965年6月7日	北京	厅级	3900	2000	220	6120		
5	3	张伟建	1968年5月30日	西安	厅级	3500	2000	220	5720		
6	4	杨志远	1969年11月25日	上海	处级	3200	1500	220	4920		
7	5	徐自立	1966年3月6日	上海	厅级	3800	2000	220	6020		
8	6	吴伟	1975年11月10日	西安	科级	2300	1000	220	3520		
9	7	王自强	1967年9月1日	武汉	厅级	3600	2000	220	5820		
10	8	王凯东	1981年10月25日	广州	办事员	2200	500	220	2920		
11	9	王建国	1979年8月1日	西安	办事员	2000	500	220	2720		
12	10	王芳	1973年8月16日	上海	科级	2600	1000	220	3820		
13	11	王尔卓	1977年5月7日	上海	办事员	2200	500	220	2920		
14	12	石明丽	1980年4月29日	北京	办事员	2200	500	220	2920		
15	13	刘国栋	1978年11月2日	武汉	办事员	2000	500	220	2720		
16	14	林晓鸥	1971年5月23日	武汉	处级	3000	1500	220	4720		
17	15	林秋雨	1969年2月26日	北京	处级	3300	1500	220	5020		
18	16	李晓明	1981年1月26日	上海	办事员	2200	500	220	2920		
19	17	李达	1978年2月3日	广州	办事员	2200	500	220	2920		
20	18	金玲	1974年5月15日	广州	科级	2500	1000	220	3720		
21	19	郭瑞芳	1972年11月17日	北京	科级	2700	1000	220	3920		
22	20	邓卓月	1970年8月24日	广州	处级	3100	1500	220	4820		
23	21	陈向阳	1975年2月11日	武汉	科级	2400	1000	220	3620		
24	22	陈伟达	1966年12月3日	广州	厅级	3700	2000	220	5920		
25	23	陈强	1972年2月19日	西安	处级	2900	1500	220	4620		

图 10-6　IF 函数编辑（2）

（2）对 J4～J25 单元格进行自动填充。

计算其他员工的岗位津贴和个人所得税扣款时，只需拖动每个单元格的填充柄，即可以实现公式的自动填充，填充过程中单元格会根据所处位置自动调整引用单元格，这叫作单元格的相对引用。

任务3：使用公式及函数计算各合计项

1. 任务描述

在给工作表输入数据的过程中，通过公式及函数来计算合计项，可减少数据合计错误。

2. 操作步骤

（1）计算每月工资收入合计。

① 选中单元格 I3，单击"公式"菜单，选择"自动求和"子项，单击"求和"命令，如图 10-7 所示。

图 10-7　自动求和

② 选择需要求和的数据，单击单元格 F3，拖动鼠标至单元格 H3，选择单元格区域 F3:H3。

③ 单击"确定"按钮，返回工作表，此时收入合计的计算结果显示在单元格 I3 中。

（2）计算实发工资，选中单元格 K3，输入公式"= I3 – J3"，此公式会计算出应发工资扣除个人所得税后的实发工资。

（3）计算其他员工的实发工资。只需拖动每个合计项单元格的填充柄，即可以实现公式的自动填充，如图 10-8 所示。

图 10-8　公式与自动填充

任务 4：验证数据的有效性

1. 任务描述

在给工作表输入数据的过程中，通过有效性设置，可减少原始数据录入错误。

2. 操作步骤

（1）首先选定需要手工输入数据的各个单元格区域，对不连续区域用 Ctrl 键控制选择。拖动鼠标选定单元格区域 F3：H25。

（2）选择"数据"菜单中的"数据有效性"子菜单，单击"数据有效性"命令，打开"数据有效性"对话框，如图 10-9 所示。

图 10-9 设置数据有效性

（3）选择"设置"选项卡，在"允许"下拉列表中选择"整数"，在"数据"下拉列表中选择"介于"，在"最小值"文本框中输入"1 000"，在"最大值"文本框中输入"4 000"，并选择"忽略空值"选项，如图 10-10 所示。

图 10-10 "数据有效性"对话框

(4)选择"输入信息"选项卡,选择"选定单元格时显示输入信息"选项,在"标题"文本框中输入"数据输入规则",在"输入信息"文本框中输入"请输入1 000~4 000的整数值",如图10-11所示。

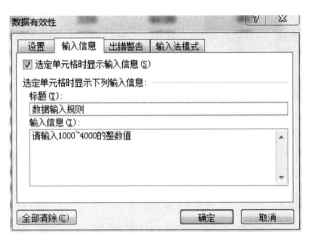

图10-11 输入信息设置

(5)选择"出错警告"选项卡,选择"输入无效数据时显示出错警告"选项,在"样式"下拉列表中选择"停止",在"标题"文本框中输入"录入数据错误",在"错误信息"文本框中输入"输入了非1 000~4 000的数值",如图10-12所示。

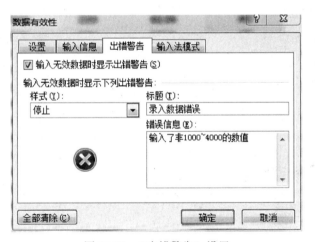

图10-12 "出错警告"设置

(6)设置完成后单击"确定"按钮,返回工作表。

任务5:美化工作表

1. 任务描述

一个好的Excel电子表格,不仅要求有准确的计算公式、友好的录入界面,还要求有一个清晰美丽的外观,这样在浏览及打印时才能吸引别人的目光,同时突出显示数据,所以要对工作表进行必要的修饰。

2. 操作步骤

(1) 选中单元格区域 A1:K1，单击"合并及居中"按钮，使表头标题合并居中，并设置字体为"华文楷体"，"字号"为"20号"，"字型"为"加粗"。

(2) 选中单元格区域 A2:K2，通过"开始"菜单的格式工具栏，设置"字体"为"宋体"，"字号"为"12号"，"字型"为"加粗"，"底纹"为"浅蓝色"，"文字颜色"为"白色"。

(3) 选中单元格区域 A2:A25，设置"字体"为"宋体"，"字号"为"11号"，"底纹"为"浅蓝色"，"文字颜色"为"白色"。

(4) 设置"员工信息"区域（即B3:E25）的"底纹"为"浅青绿色"；"收入"区域（即F3:I25）的"底纹"为"浅橙色"，"个人所得税"区域（即A20:N25）的"底纹"为"浅青绿色"，"实发收入"区域（即A26:N28）的"底纹"为"浅橙色"。这样，各项收支区域区分开来，一目了然，如图10-13所示。

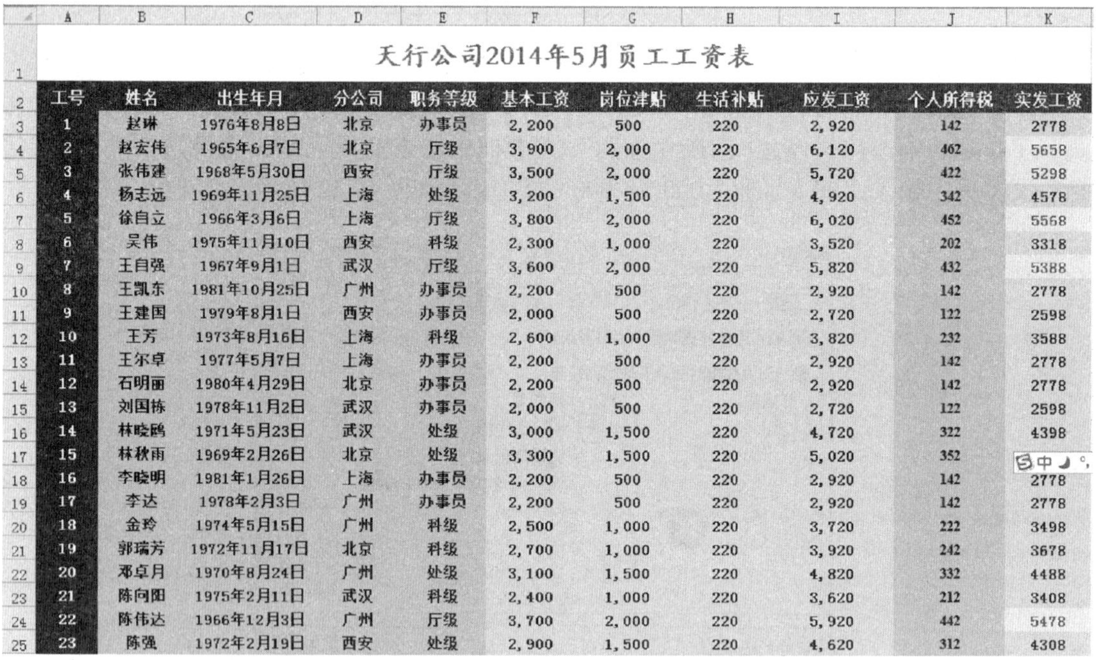

工号	姓名	出生年月	分公司	职务等级	基本工资	岗位津贴	生活补贴	应发工资	个人所得税	实发工资
1	赵琳	1976年8月8日	北京	办事员	2,200	500	220	2,920	142	2778
2	赵宏伟	1965年6月7日	北京	厅级	3,900	2,000	220	6,120	462	5658
3	张伟建	1968年5月30日	西安	厅级	3,500	2,000	220	5,720	422	5298
4	杨志远	1969年11月25日	上海	处级	3,200	1,500	220	4,920	342	4578
5	徐自立	1966年3月6日	上海	厅级	3,800	2,000	220	6,020	452	5568
6	吴伟	1975年11月10日	西安	科级	2,300	1,000	220	3,520	202	3318
7	王自强	1967年9月1日	武汉	厅级	3,600	2,000	220	5,820	432	5388
8	王凯东	1981年10月25日	广州	办事员	2,200	500	220	2,920	142	2778
9	王建国	1979年8月1日	西安	办事员	2,000	500	220	2,720	122	2598
10	王芳	1973年8月16日	上海	科级	2,600	1,000	220	3,820	232	3588
11	王尔卓	1977年5月7日	上海	办事员	2,200	500	220	2,920	142	2778
12	石明丽	1980年4月29日	北京	办事员	2,200	500	220	2,920	142	2778
13	刘国栋	1978年11月2日	武汉	办事员	2,000	500	220	2,720	122	2598
14	林晓鸥	1971年5月23日	武汉	处级	3,000	1,500	220	4,720	322	4398
15	林秋雨	1969年2月26日	北京	处级	3,300	1,500	220	5,020	352	
16	李晓明	1981年1月26日	上海	办事员	2,200	500	220	2,920	142	2778
17	李达	1978年2月3日	广州	办事员	2,200	500	220	2,920	142	2778
18	金玲	1974年5月15日	广州	科级	2,500	1,000	220	3,720	222	3498
19	郭瑞芳	1972年11月17日	北京	科级	2,700	1,000	220	3,920	242	3678
20	邓卓月	1970年8月24日	广州	处级	3,100	1,500	220	4,820	332	4488
21	陈向阳	1975年2月11日	武汉	科级	2,400	1,000	220	3,620	212	3408
22	陈作达	1966年12月3日	广州	厅级	3,700	2,000	220	5,920	442	5478
23	陈强	1972年2月19日	西安	处级	2,900	1,500	220	4,620	312	4308

图10-13 设置底纹后的效果

(5) 选中 A2:K25 单元格区域，为表格添加所有的内外框线，"线型"为"细实线"，如图10-14所示。

(6) 选中 B3:K25 单元格区域，设置"字体"为"宋体加粗"，"字号"为"11号"，"对齐"为"居中"。

项目十 员工工资表的制作

图 10-14 设置边框效果

任务6：设置条件格式

1. 任务描述

在 Excel 中，通过设置条件格式，可以将某些满足特定条件的单元格以指定的格式显示，以达到突出显示的目的。

2. 操作步骤

（1）首先选中"实发工资"区域（即 K3:K25）。

（2）单击"开始"菜单，选择"条件格式"菜单项，在"项目选取规则"对话框中选择"低于平均值"对话框，如图 10-15 所示。

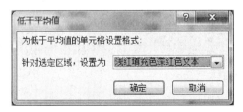

图 10-15 "低于平均值"对话框

（3）在打开的"单元格格式"对话框中设置单元格底纹为浅红，填充色深红文本，单击"确定"按钮返回"条件格式"对话框。

（4）参照上述步骤，设置当单元格数值小于 1 000 时，格式为黄色底纹，填充深黄色文本，如图 10-16 所示，单击"确定"按钮完成设置。

图 10-16　多条件格式设置

这里共设置了两个条件格式,当实发工资低于平均水平时,该单元格的底纹为浅红色;当实发工资小于 1 000 元时,该单元格为黄色底纹;当两个条件都不符合时,该单元格为默认的格式。

任务 7: 保护工作表

1. 任务描述

为了保护一些敏感的公式及数据不被修改,Excel 提供了保护工作表的功能。

2. 操作步骤

保护工作表的实质是保护被锁定的单元格。

(1) 选中所有用公式填充的单元格区域(即 G3:G25、I3:K25)。对不连续的区域按住 Ctrl 键。所有用公式填充的单元格区域左上角都有绿色标记,表明当前未被锁定,如图 10-17 所示。

	A	B	C	D	E	F	G	H	I	J	K
2	工号	姓名	出生年月	分公司	职务等级	基本工资	岗位津贴	生活补贴	应发工资	个人所得税	实发工资
3	1	赵琳	1976年8月8日	北京	办事员	2,200	500	220	2,920	142	2778
4	2	赵宏伟	1965年6月7日	北京	厅级	3,900	2,000	220	6,120	462	5658
5	3	张伟建	1968年5月30日	西安	厅级	3,500	2,000	220	5,720	422	5298
6	4	杨志远	1969年11月25日	上海	处级	3,200	1,500	220	4,920	342	4578
7	5	徐自立	1966年3月6日	上海	厅级	3,800	2,000	220	6,020	452	5568
8	6	吴伟	1975年11月10日	西安	科级	2,300	1,000	220	3,520	202	3318
9	7	王自强	1967年9月1日	武汉	厅级	3,600	2,000	220	5,820	432	5388
10	8	王凯东	1981年10月25日	广州	办事员	2,200	500	220	2,920	142	2778
11	9	王建国	1979年8月1日	西安	办事员	2,200	500	220	2,720	122	2598
12	10	王芳	1973年8月16日	上海	科级	2,600	1,000	220	3,820	232	3588
13	11	王尔卓	1977年5月7日	上海	办事员	2,200	500	220	2,920	142	2778
14	12	石明丽	1980年4月29日	北京	办事员	2,200	500	220	2,920	142	2778
15	13	刘国栋	1978年11月2日	武汉	办事员	2,000	500	220	2,720	122	2598
16	14	林晓鸥	1971年5月23日	武汉	处级	3,000	1,500	220	4,720	322	4398
17	15	林秋雨	1969年2月26日	北京	处级	3,300	1,500	220	5,020	352	4668
18	16	李晓明	1981年1月26日	上海	办事员	2,200	500	220	2,920	142	2778
19	17	李达	1978年2月3日	广州	办事员	2,200	500	220	2,920	142	2778
20	18	金玲	1974年5月15日	广州	科级	2,500	1,000	220	3,720	222	3498
21	19	郭瑞芳	1972年11月17日	北京	科级	2,700	1,000	220	3,920	242	3678
22	20	邓卓月	1970年8月24日	广州	处级	3,100	1,500	220	4,820	332	4488
23	21	陈向阳	1975年2月11日	武汉	科级	2,400	1,000	220	3,620	212	3408
24	22	陈伟达	1966年12月3日	广州	厅级	3,700	2,000	220	5,920	442	5478
25	23	陈强	1972年2月19日	西安	处级	2,900	1,500	220	4,620	312	4308

图 10-17　未被保护的单元格状态

(2) 选择"开始"菜单中的"格式"子菜单,单击"锁定单元格"命令,如图 10-18 所示。

项目十 员工工资表的制作

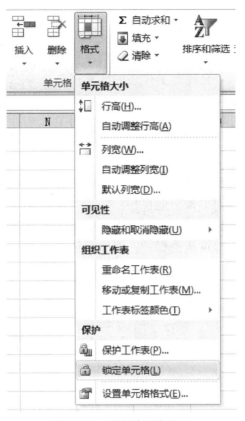

图 10-18 锁定单元格设置

(3) 选择"审阅"菜单,选择"保护工作表"菜单命令,打开"保护工作表"对话框,如图 10-19 所示

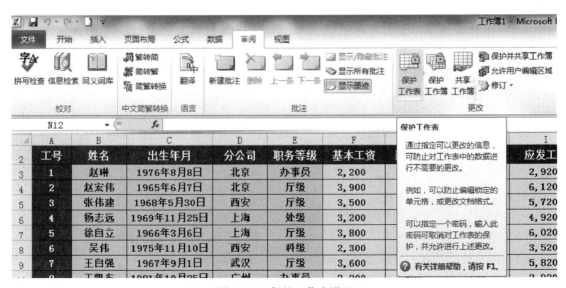

图 10-19 保护工作表设置

（4）选择"保护工作表及锁定的单元格内容"选项，可以在"取消工作表保护时使用的密码"文本框中输入工作表的保护密码，比如输入"123"，下次取消保护的时候就需要用到此密码；在"允许此工作表的所有用户进行"列表框中选择"选定未锁定的单元格"选项，如图10-20所示。设置完成后单击"确定"按钮，返回工作表。

（5）如此保护工作表后，选定的公式函数区域都不能被选中，更不能进行修改及设置，但是没有锁定的其他区域可以选定和修改。如需要取消此保护，选择"审阅"菜单中的"撤销工作表保护"命令，在弹出的密码框中输入刚刚设置的密码，即可撤销保护，恢复默认设置，如图10-21所示。

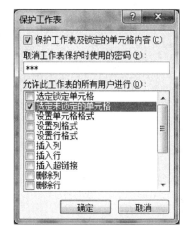

图 10-20 "保护工作表"对话框

图 10-21 撤销工作表保护

【知识拓展】

1. 单元格和单元格区域

1）单元格

Excel 工作表的基本元素是单元格，单元格内可以包含文字、数字或公式。在工作表内每行、每列的交点就是一个单元格。在 Excel 2010 中，一个工作表最多可达到 256 列和 65 536 行，列名用字母及字母组合 A～Z，AA～AZ，BA～BZ，……，IA～IV 表示，行名用自然数 1～65 536 表示。所以，一个工作表中最多可以有 256×65 536 个单元格。

单元格在工作表中的位置用地址标识，即由它所在列的列名和所在行的行名组成该单元格的地址，其中列名在前，行名在后。例如，第 C 列和第 4 行交点的那个单元格的地址就是C4。一个单元格的地址，如 C4，也称为该单元格的引用。

单元格地址的表示有 3 种方法：

（1）相对地址：直接用列号和行号组成，如 A1、IV25 等。

（2）绝对地址：在列号和行号前都加上"$"符号，如$B$2、$BB$8 等。

（3）混合地址：在列号或行号前加上"$"符号，如$B2、E$8 等。

这 3 种不同形式的地址在公式复制的时候，产生的结果可能是完全不同的。

单元格地址还有另外一种表示方法。如第 3 行和第 4 列交点的那个单元格可以表示为R3C4，其中 R 表示 Row（行），C 表示 Column（列）。这种形式可通过单击"工具"菜单，

项目十 员工工资表的制作

选择"选项"命令项,选中"常规"标签进行设置。

一个完整的单元格地址除了列号、行号外,还要加上工作簿名和工作表名。其中工作簿名用方括号"[ ]"括起来,工作表名与列号、行号之间用"!"号隔开,如:

[Sales. xls]Sheet1！C3

表示工作簿"Sales. xls"中 Sheet1 工作表的 C3 单元格,而 Sheet2！B8 则表示工作表 Sheet2 的单元格 B8。这种加上工作表和工作簿名的单元格地址表示方法,是为了方便用户在不同工作簿的多个工作表之间进行数据处理,在不引起误会时是可以不写的。

2) 单元格区域

单元格区域是指由工作表中的一个或多个单元格组成的矩形区域。区域的地址由矩形对角的两个单元格的地址组成,中间用冒号(:)相连。如 B2:E8 表示从左上角是 B2 单元格到右下角是 E8 单元格的一个连续区域。区域地址前同样也可以加上工作表名和工作簿名以进行多工作表之间的操作,如 Sheet5！A1:C8。

3) 单元格和区域的选择及命名

在 Excel 中,许多操作都是和区域直接相关的。一般来说,要在进行操作(如输入数据、设置格式、复制等)之前预先选择好单元格或区域,被选中的单元格或区域,称为当前单元格或当前区域。

(1) 选择单元格。

用鼠标单击某单元格,即选中该单元格。

用鼠标单击行名或列名,即选中该行或列。

(2) 选择区域。

选择区域的方法有多种:

① 在所要选择的区域的任意一个角单击鼠标左键并拖曳至区域的对角,释放鼠标左键。如在 A1 单元格单击鼠标左键后,拖曳至 D8 单元格,则选择了区域 A1:D8。

② 在所要选择的区域的任意一个角单击鼠标左键,然后释放鼠标左键,再把鼠标指向区域的对角,按住 Shift 键,同时单击鼠标左键。如在 A1 单元格单击鼠标左键后,释放鼠标左键,然后让鼠标指向 D8 单元格,在按住 Shift 键的同时单击鼠标左键,则选择了区域 A1:D8。

③ 在编辑栏的"名称"框中,直接输入"A1:D8",即可选中区域 A1:D8。如果要选择若干个连续的列或行,也可直接在"名称"框中输入。如输入"A:BB"表示选中 A 列~BB 列;输入"1:30"表示选中第 1 行~第 30 行。

④ 如果要选择多个不连续的单元格、行、列或区域,可以在选择一个区域后,在按住 Ctrl 键的同时,再选取第 2 个区域。

(3) 单元格或区域的命名。

在选择了某个单元格或区域后,可以为某个单元格或区域赋一个名称。赋一个有意义的名称可以使单元格或区域变得直观明了,容易记忆和被引用。命名的方法有:

选中要命名的单元格或区域,然后用鼠标单击编辑栏的"名称"框,在"名称"框内输入一个名称,并按 Enter 键。注意,名称中不能包含空格。

选中要命名的单元格或区域,单击"插入"菜单,选择"名称"菜单中的"定义"命令,在弹出的对话框中添加对区域的命名,也可以清除不需要的单元格或区域名称,如图 10-22 所示。

定义了名称后，单击"名称"框的下拉按钮，选中所需的名称，即可利用名称快速地定位（或选中）该名称所对应的单元格或区域。

定义了名称后，凡是可输入单元格或区域地址的地方，都可以使用其对应的名称，效果一样。在一个工作簿中，名称是唯一的。也就是说，定义了一个名称后，该名称在工作簿的各个工作表中均可共享。

图 10-22 "新建名称"对话框

2．公式及其使用

1）公式及其输入

一个公式是由运算对象和运算符组成的一个序列。它由等号（=）开始，公式中可以包含运算符，以及运算对象常量、单元格引用（地址）和函数等。Excel 有数百个内置的公式，称为函数。这些函数也可以实现相应的计算。一个 Excel 的公式最多可以包含 1 024 个字符。

Excel 中的公式有下列基本特性：

（1）全部公式以等号开始。

（2）输入公式后，其计算结果显示在单元格中。

（3）当选定了一个含有公式的单元格后，该单元格的公式就显示在编辑栏中。

要往一个单元格中输入公式，选中单元格后就可以输入。例如，假定 B1 和 B2 单元格中已分别输入"1"和"2"，选定 A1 单元格并输入"= B1 + B2"，按回车键，则在 A1 单元格中就出现计算结果"3"。这时，如果再选定单元格 A1，在编辑栏中则显示其公式"= B1 + B2"。

编辑公式与编辑数据相同，可以在编辑栏中，也可以在单元格中。双击一个含有公式的单元格，该公式就在单元格中显示。如果想同时看到工作表中的所有公式，按"Ctrl + `（感叹号左边的那个键）"组合键，可以在工作表上交替显示公式和数值。

注：当编辑一个含有单元格引用（特别是区域引用）的公式时，在编辑没有完成之前就移动光标，可能会产生意想不到的错误结果。

2）公式中的运算符

Excel 的运算符有三大类，其优先级从高到低依次为：算术运算符、文本运算符、比较运算符。

（1）算术运算符。

Excel 所支持的算术运算符的优先级从高到低依次为：%（百分比）、^（乘幂）、*（乘）和 /（除）、+（加）和 -（减）。

例如："= 2 + 3" "= 7/2" "= 2 * 3 + 20%" "= 2^10" 都是使用算术运算符的公式。

（2）文本运算符。

Excel 的文本运算符只有一个用于连接文字的符号"&"。

例如：

公式：= " Computer" & " Center"　　　　结果：Computer Center

若 A1 中的数值为 1 680，则

公式：="My Salary is"& A1　　　　　结果：My Salary is 1680

（3）比较运算符。

Excel 中的比较运算符有 6 个，其优先级从高到低依次为：=（等于）、<（小于）>（大于）、<=（小于等于）、>=（大于等于）、<>（不等于）。

比较运算的结果为逻辑值 TRUE（真）或 FALSE（假）。例如，假设 A1 单元格中有值 28，则公式"=A1>28"的值为 FALSE，公式"=A1<50"的值为 TRUE。

在使用公式时需要注意，公式中不能包含空格（除非在引号内，因为空格也是字符），字符必须用引号括起来。另外，公式中运算符两边一般需相同的数据类型，虽然 Excel 也允许在某些场合对不同类型的数据进行运算。

3）引用单元格

在公式中引用单元格，公式的值会随着所引用单元格的值的变化而变化。例如：在单元格 F3 中求 B3、C3、D3 和 E3 四个单元格的合计数。先选定 F3 单元格并输入公式"=B3+C3+D3+E3"，按回车键后 F3 单元格出现自动计算结果，这时如果修改 B3、C3、D3 和 E3 任何单元格中的值，F3 单元格中的值也将随之改变。

在公式中可以引用另一个工作表的单元格和区域，甚至引用另一工作簿中的单元格和区域。例如，在 Sheet1 工作表的 A1 单元格中输入"Michael"，单击"Sheet2"标签，在工作表 Sheet2 的 B2 单元格中输入公式"=Sheet1！A1"，则工作表 Sheet2 的 B2 单元格中的值也为"Michael"。若要引用另一工作簿的单元格或区域，只需在引用单元格或区域的地址前冠以工作簿名称即可。

单元格和区域的引用有相对地址、绝对地址和混合地址多种形式。在不涉及公式复制或移动的情形下，任一种形式的地址的计算结果都是一样的，但如果对公式进行复制或移动，不同形式的地址产生的结果可能就完全不同了。

4）复制公式

公式的复制与数据的复制的操作方法相同，但当公式中含有单元格或区域引用时，根据单元地址形式的不同，计算结果将有所不同。当一个公式从一个位置被复制到另一个位置时，Excel 能对公式中的引用地址进行调整。

（1）公式中引用的单元格地址是相对地址。

当公式中引用的单元格地址是相对地址时，公式按相对寻址进行调整。例如 A3 单元格中的公式"=A1+A2"复制到 B3 单元格中会自动调整为"=B1+B2"。

公式中的单元格地址是相对地址时，调整规则为：

新行地址 = 原行地址 + 行地址偏移量

新列地址 = 原列地址 + 列地址偏移量

（2）公式中引用的单元格地址是绝对地址。

不管把公式复制到哪儿，引用地址被锁定，这种寻址称作绝对寻址。如 A3 单元格中的公式"=$A$1+$A$2"复制到 B3 单元格中，仍然是"=$A$1+$A$2"。

公式中的单元格地址是绝对地址时进行绝对寻址。

（3）公式中的单元格地址是混合地址。

在复制过程中，如果地址的一部分固定（行或列），其他部分（列或行）是变化的，则这种寻址称为混合寻址。例如，A3 单元格中的公式"=$A1+$A2"复制到 B4 单元格中，则变为"=$A2+$A3"，其中，列固定，行变化（变换规则和相对寻址相同）。

公式中的单元格地址是混合地址时进行混合寻址。

（4）被引用单元格的移动。

当公式中引用的单元格或区域被移动时，因原地址的数据已不复存在，Excel 根据移动的方式及地点，将会给出不同的结果。

不管公式中引用的是相对地址、绝对地址还是混合地址，当被引用的单元格或区域移动后，公式的引用地址都将调整为移动后的地址，即使被移动到另外一个工作表也不例外。例如，A1 单元格中有公式"=$B6*C8"，把 B6 单元格移动到 D8 单元格，把 C8 单元格移动到 Sheet2 工作表的 A7 单元格，则 A1 单元格中的公式变为"=$D8*Sheet2!A7"。

5）移动公式

当公式被移动时，引用地址还是原来的地址。例如，C1 单元格中有公式"=A1+B1"，若把 C1 单元格移动到 D8 单元格，则 D8 单元格中的公式仍然是"=A1+B1"。

3．函数的使用

函数是 Excel 附带的预定义或内置公式。函数可作为独立的公式单独使用，也可以用于另一个公式中，甚至另一个函数内。一般来说，每个函数可以返回（而且肯定要返回）一个计算得到的结果值，而数组函数则可以返回多个值。

Excel 共提供了九大类，300 多个函数，包括：数学与三角函数、统计函数、数据库函数、逻辑函数等。函数由函数名和参数组成，格式如下：

函数名（参数1，参数2，…）

函数的参数可以是具体的数值、字符、逻辑值，也可以是表达式、单元地址、区域地址、区域名字等。函数本身也可以作为参数。即使一个函数没有参数，也必须加上括号。

1）函数的输入与编辑

函数是以公式的形式出现的，在输入函数时，可以直接以公式的形式编辑输入，也可以使用 Excel 提供的"插入函数"工具。

（1）直接输入。

选定要输入函数的单元格，键入"="和函数名及参数，按回车键即可。例如，要在 H1 单元格中计算区域 A1:G1 中所有单元格数值的和，就可以选定单元格 H1 后，直接输入"=SUM（A1:G1）"，再按回车键。

（2）使用"插入函数"工具。

每当需要输入函数时，就单击"插入"菜单，选择"函数"命令项，此时会弹出一个"插入函数"对话框。

该对话框提供了函数的搜索功能，并在"选择类别"下拉列表中列出了所有不同类型的函数，"选择函数"下拉列表中则列出了被选中的函数类型所属的全部函数。选中某一函数后，单击"确定"按钮，又会弹出一个"函数参数"对话框，其中显示了函数的名称、它的每个参数、函数的功能和参数的描述、函数的当前结果和整个公式的结果。

2）函数实例引用

例：要在 H1 单元格中计算区域 A1:G1 中所有单元格数值之和。

操作步骤如下：

(1) 选定单元格 H1，单击编辑栏左边的"插入函数"按钮，弹出"插入函数"对话框，如图 10-23 所示。

图 10-23 "插入函数"对话框

(2) 在"选择类别"下拉列表中选择"常用函数"，在"选择函数"下拉列表中选择"SUM"，单击"确定"按钮，弹出"函数参数"对话框，如图 10-24 所示。

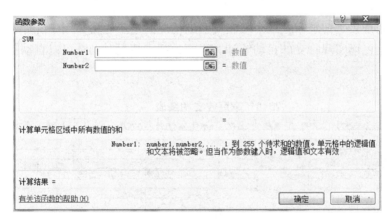

图 10-24 "函数参数"对话框

(3) 在"函数参数"对话框的"Number1"框中输入"A1:G1"，或者用鼠标在工作表选中该区域，再单击"确定"按钮。

操作完毕后，在 H1 单元格中就显示计算结果。

4．SUM 函数的使用

求和函数 SUM（x1，x2，…）返回包含在引用中的值的总和。x1、x2 等可以是对单元格、区域的引用或其实际值。例如，SUM（A1:A5，C6:C8）返回区域 A1～A5 和 C6～C8 中的值的总和。

5．IF 函数的使用

条件函数 IF（x，n1，n2）根据逻辑值 x 判断，若 x 的值为 TRUE，则返回 n1，否则返回 n2，其中 n2 可以省略。

例如，在工作表中已有某单位职工的部分信息，表中包括姓名、工龄、基本工资、工龄工资、总工资等，分别在 A、B、C、D、E 列，第 1 行为字段信息，第 2～20 行为职工信息。其中姓名、工龄、基本工资的数据已输入。现在要根据工龄来计算工龄工资，计算规则为：工龄大于等于 5 年的，每年 10 元；小于 5 年的，每年 5 元。

操作步骤如下：

在 D2 单元格中输入的计算公式为：

=IF（B2>=5,10*B2,5*B2）

把 D2 单元格复制到 D3:D20 单元格区域，即得到计算结果。

IF 函数可以嵌套使用，最多嵌套 7 层，用 n1 及 n2 参数可以构造复杂的检测条件。

例题：假设考试成绩在 F2:F10 单元格区域中，要在 G2:G10 单元格区域中根据考试成绩自动给出其等级：90 分以上为优，75～89 分为良，60～74 分为及格，60 分以下为不及格。操作步骤如下：

在 G2 单元格中输入公式：

=IF（F2>=90,"优",IF（F2>=75,"良",IF（F2>=60,"及格","不及格")))

然后把 G2 单元格复制到 G3:G10 单元格区域即可。

【技能训练】

1. 制作家庭收支明细表

家庭收支明细表是记录家庭或个人收支明细情况的电子表格，用于统计及管理家庭的各项收入及支出，可以实现收支的自动统计。当产生超支情况时，其可以自动预警。效果如图 10-25 所示。

图 10-25 家庭收支明细表效果

2. 制作商品库存管理表

注意"当前数目"(上月结转+本月入库数-本月出库数)、"溢短"(标准库存数-当前数目)、"库存金额"(成本×当前数目)字段均由公式构成,效果如图10-26所示。

商品代码	商品名称	上月结转	本月入库数	本月出库数	当前数目	标准库存数	溢短	单价	成本	库存金额
000-01	雀巢咖啡	625	0	130	495	500	-5	200	140	69,300
000-02	青岛啤酒	690	0	160	530	500	30	100	70	37,100

2010 年 1 月份商品库存管理表 ★ 在"本月入库数"和"出库数"中输入数值

图 10-26 商品库存管理表效果

项目十一

销售统计分析

【项目目标】

本项目的目标是掌握 Excel 所提供的排序、筛选、分类汇总、数据透视表及数据透视图等功能，分析和统计原始的销售记录，从而为决策提供依据，并实现简易查询明细数据以及对数据清单进行立体、全方位的分析统计。销售统计原始数据清单如图 11-1 所示。

	A	B	C	D	E	F	G	H	I
1						商品销售记录			
2									
3	编号	销售日期	销售人员	品牌	商品类型	型号	商品单价	销售数量	销售金额
4	SP0001	2013/2/8	林秋雨	IBM	服务器	System x3652-M2	15000	2	30000
5	SP0002	2013/2/8	赵宏伟	方正	服务器	方正圆明LT300 1800	9500	5	47500
6	SP0003	2013/2/8	林秋雨	IBM	服务器	System x3100	5500	3	16500
7	SP0004	2013/2/8	赵宏伟	方正	台式机	方正飞越 A800-4E31	4000	15	60000
8	SP0005	2013/2/8	赵宏伟	联想	台式机	联想家悦 R500	3398	18	61164
9	SP0006	2013/2/9	马云腾	联想	台式机	联想家悦 E3630	4699	19	89281
10	SP0007	2013/2/9	林秋雨	方正	笔记本	方正T400IG-T440AQ	3999	5	19995
11	SP0008	2013/2/9	马云腾	IBM	服务器	System x3850-M2	57500	3	172500
12	SP0009	2013/2/9	王国栋	宏基	笔记本	Acer 4740G	4700	6	28200
13	SP0010	2013/2/9	马云腾	方正	服务器	方正圆明MR100 2200	18500	2	37000
14	SP0011	2013/2/10	林秋雨	方正	笔记本	方正R430IG-I333AQ	5499	6	32994
15	SP0012	2013/2/10	王国栋	联想	笔记本	联想Y450A-TSI（E）白	5150	10	51500
16	SP0013	2013/2/10	王国栋	惠普	服务器	HP ProLiant ML150 G6(AU659A)	9500	5	47500
17	SP0014	2013/3/8	林秋雨	惠普	服务器	HP ProLiant DL380 G6(491505-AA1)	16500	1	16500
18	SP0015	2013/3/9	赵宏伟	惠普	笔记本	惠普CQ35-217TX	5100	3	15300
19	SP0016	2013/3/10	马云腾	IBM	服务器	System x3250-M2	6000	3	18000
20	SP0017	2013/3/11	林秋雨	联想	台式机	联想扬天 A4600R（E5300）	3550	17	60350
21	SP0018	2013/4/1	王国栋	联想	台式机	联想IdeaCentre K305	5199	16	83184
22	SP0019	2013/4/1	赵宏伟	联想	服务器	万全 T350 G7	23000	8	184000
23	SP0020	2013/4/1	林秋雨	联想	服务器	万全 T100 G10	5499	6	32994
24	SP0021	2013/4/2	王国栋	联想	服务器	万全 T168 G6	9888	4	39552
25	SP0022	2013/4/3	马云腾	宏基	笔记本	Acer 4745G	5299	8	42392
26	SP0023	2013/4/4	林秋雨	联想	笔记本	联想Y460A-ITH（白）	5999	10	59990

图 11-1 销售统计原始数据清单

【需求分析】

见【项目目标】。

【方案设计】

1. 总体设计

建立新工作簿，并起名保存，建立销售统计表的基本结构，进行基本结构设置，输入原始数据，通过记录单进行数据的管理操作，根据要求对数据重新排序，在有查找需要的时候，利用筛选和分类汇总功能显示特定数据，最后根据选中的原始数据创建数据透视表及数据透视图以分析数据。

2. 任务分解

任务 1：制作原始销售记录表；

任务2：通过排序分析数据；
任务3：利用筛选查找和分析数据；
任务4：通过分类汇总分析数据；
任务5：创建数据透视表；
任务6：创建数据透视图。

3．知识准备

1）数据清单

数据清单就是数据库。在一个数据库中，信息按记录存储。每个记录中包含信息内容的各项，称为字段。例如，公司的客户名录中，每条客户信息就是一个记录，它由字段组成。所有记录的同一字段存放相似的信息（例如公司名称、街道地址、电话号码等）。Excel 2010提供了一整套功能强大的命令集，使管理数据清单（数据库）变得非常容易。

2）排序

排序是计算机内经常进行的一种操作，其目的是将一组"无序"的记录序列调整为"有序"的记录序列，可以单列排序，也可以整体数据排序。通常按照主关键字、次要关键字和第三关键字排序。其按排列次序可分为升序排列和降序排列。

3）自动筛选和高级筛选

Excel中的自动筛选和高级筛选都是用来筛选表格中的数据和文字，其区别是：对于自动筛选，表格中的数据在筛选出来后还是在原来的表格上，而对于高级筛选，表格中的数据筛选出来后被复制到空白的单元格中。

4）数据透视表

数据透视表本质上是一个由数据库生成的动态汇总报告。数据库可以存在于一个工作表（以表的形式）或一个外部的数据文件中。数据透视表可以将众多行、列中的数据转换成一个有意义的数据报告。

5）数据透视图

数据透视图是对数据透视表显示的汇总数据的一种图解表示法。数据透视图从来都是基于数据透视表的。虽然Excel允许同时创建数据透视表和数据透视图，但不能在没有数据透视表的情况下单独创建一个数据透视图。

【方案实现】

任务1：制作原始销售记录表

1．任务描述

原始销售记录表用来保存原始数据信息，以数据清单的格式来创建，包含编号、销售日期、销售人员、商品类型、品牌、型号、单价、数量及金额的各项数据。

2．操作步骤

（1）新建一个Excel电子表格，单击"页面布局"菜单，选择"纸张大小"命令，将页面设置为A4纸、纵向，确定后保存文件，命名为"销售统计分析"。

（2）参照图11-1建立工作表结构，依次输入表头标题、列标题及所有销售记录，其中

"金额"项是通过公式"金额 = 单价 × 数量"计算出来的,如图 11-2 所示。

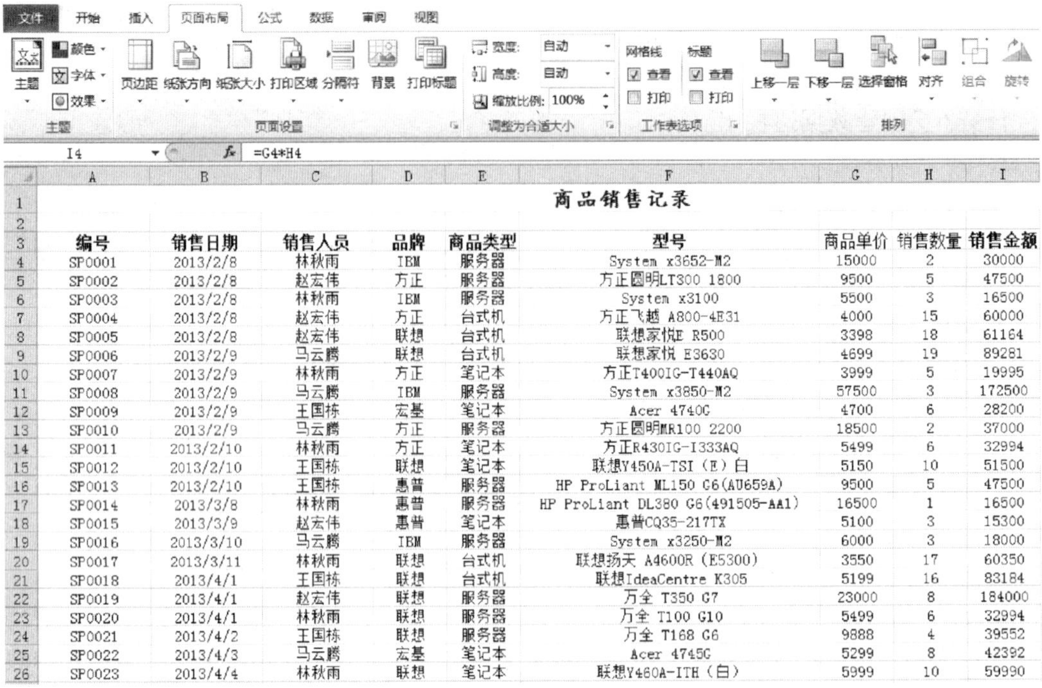

图 11-2 公式计算

(3)选中工作表中的任意单元格,然后单击"开始"菜单,选择"套用表格格式"命令,打开"自动套用格式"对话框,在样式列表框中选择"表样式浅色 14"样式。单击"确定"按钮,返回工作表。此时表格套用所选样式的格式如图 11-3 所示。

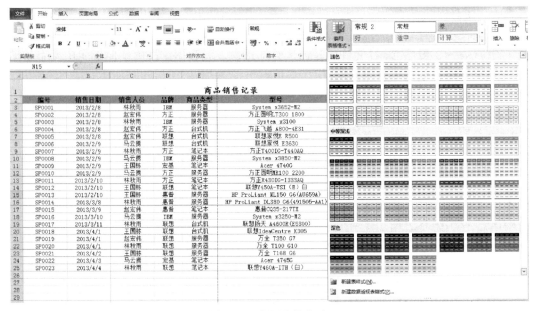

图 11-3 套用表格格式

（4）将工作表 Sheet1 重命名为"销售记录表"，并删除多余的 Sheet2 和 Sheet3 工作表。

任务2：通过排序分析数据

1．任务描述

原始的商品销售记录单是按照时间的先后次序输入的，Excel 提供对数据清单进行排序的功能，用户可以根据一个或几个关键字段对数据记录进行升序或降序排列。

2．操作步骤

（1）如果针对全部数据排序，只需选中数据清单中的任一单元格。如果要排序的数据区域仅是数据清单中的一部分，则需要选择进行排序的完整数据区域。

（2）单击"数据"菜单，选择"排序"菜单命令，打开"排序"对话框，此时工作表中的数据清单被自动识别并选中。

（3）在弹出来的"排序"对话框中，在"主要关键字"下拉列表中选择"商品类型"，在添加好主要关键字后，单击"添加条件"按钮，此时在对话框中显示"次要关键字"，与设置"主要关键字"的方法相同，在下拉列表中选择"品牌"，然后再单击"添加条件"按钮添加第三个排序条件，选择"编号"。在选择多列排序条件后，单击"确定"按钮即可看到多列排序后的数据表，如图11-4 所示。

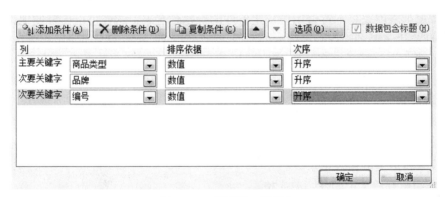

图11-4 "排序"对话框

（4）单击"确定"按钮，返回当前工作表，此时整个数据清单中的数据将以"行"为单位，首先按照"商品类型"进行升序排序，如果"商品类型"相同，则按照"品牌"进行升序排序，如果还是相同，则按照"编号"升序排列，如图11-5 所示。在Excel 2010 中，排序条件最多可以支持64 个关键字。

	A	B	C	D	E	F	G	H	I
1					商品销售记录				
2	编号	销售日期	销售人员	品牌	商品类型	型号	商品单价	销售数量	销售金额
3	SP0007	2013/2/9	林秋雨	方正	笔记本	方正T400IG-T440AQ	3999	5	19995
4	SP0011	2013/2/10	林秋雨	方正	笔记本	方正R430IG-I333AQ	5499	6	32994
5	SP0009	2013/2/9	王国栋	宏基	笔记本	Acer 4740C	4700	6	28200
6	SP0022	2013/4/3	马云腾	宏基	笔记本	Acer 4745C	5299	8	42392
7	SP0015	2013/3/9	赵宏伟	惠普	笔记本	惠普CQ35-217TX	5100	3	15300
8	SP0012	2013/2/10	王国栋	联想	笔记本	联想Y450A-TSI（E）白	5150	10	51500
9	SP0023	2013/4/4	林秋雨	联想	笔记本	联想Y460A-ITH（白）	5999	10	59990
10	SP0001	2013/2/8	林秋雨	IBM	服务器	System x3652-M2	15000	2	30000
11	SP0003	2013/2/8	林秋雨	IBM	服务器	System x3100	5500	3	16500
12	SP0008	2013/2/9	马云腾	IBM	服务器	System x3850-M2	57500	3	172500
13	SP0016	2013/3/10	马云腾	IBM	服务器	System x3250-M2	6000	3	18000
14	SP0002	2013/2/8	赵宏伟	方正	服务器	方正圆明LT300 1800	9500	5	47500
15	SP0010	2013/2/9	马云腾	方正	服务器	方正圆明MR100 2200	18500	2	37000
16	SP0013	2013/2/10	王国栋	惠普	服务器	HP ProLiant ML150 G6(AU659A)	9500	5	47500
17	SP0014	2013/3/8	林秋雨	惠普	服务器	HP ProLiant DL380 G6(491505-AA1)	16500	1	16500
18	SP0019	2013/4/1	赵宏伟	联想	服务器	万全 T350 G7	23000	8	184000
19	SP0020	2013/4/1	林秋雨	联想	服务器	万全 T100 G10	5499	6	32994
20	SP0021	2013/4/2	王国栋	联想	服务器	万全 T168 G6	9888	4	39552
21	SP0004	2013/2/8	赵宏伟	方正	台式机	方正飞越 A800-4E31	4000	15	60000
22	SP0005	2013/2/9	赵宏伟	联想	台式机	联想家悦 E R500	3398	18	61164
23	SP0006	2013/2/9	马云腾	联想	台式机	联想家悦 E3630	4699	19	89281
24	SP0017	2013/3/11	林秋雨	联想	台式机	联想扬天 A4600R(E5300)	3550	17	60350
25	SP0018	2013/4/1	王国栋	联想	台式机	联想IdeaCentre K305	5199	16	83184

图 11-5　排序后的数据清单

任务3：利用筛选查找和分析数据

1．任务描述

筛选数据列表就是将不符合用户特定条件的行隐藏起来，这样可以更方便地让用户查看数据。Excel 提供了两种筛选数据列表的命令：

（1）自动筛选：适用于简单的筛选条件；

（2）高级筛选：适用于复杂的筛选条件。

2．操作步骤

首先进行自动筛选，其一般用于简单条件的筛选，用于筛选数据中的特定文本或数字。分两个步骤进行自动筛选，第一步筛选出所有服务器的销售记录，第二步筛选出所有售出服务器 5 台及 5 台以上的销售记录。

（1）选中数据清单中的任一单元格。

（2）单击"数据"菜单，选择"筛选"命令，此时在各列标题右侧出现"自动筛选"的下三角按钮▼。

（3）单击列标题"商品类型"的"自动筛选"下三角按钮，在下拉列表中选择"服务器"选项，如图 11-6 所示。此时在数据清单中将显示满足条件（"商品类型"为"服务器"）的销售记录。

（4）在上述筛选结果的基础上继续单击列标题"数量"的"自动筛选"下三角按钮，在下拉列表中选择"数字筛选"选项，如图 11-7 所示。在弹出的"自定义自动筛选方式"对话框的"销售数量"选项区中的左侧下拉列表中选择"大于或等于"，如图 11-8 所示。

（5）在右侧下拉列表中输入"5"，单击"确定"按钮，此时数据清单中仅显示售出 5 台以上服务器的销售记录，如图 11-9 所示。

项目十一 销售统计分析

图 11-6 设置自动筛选条件

图 11-7 自定义自动筛选设置

图 11-8 "自定义自动筛选方式"对话框

- 201 -

	A	B	C	D	E	F	G	H	I
1					商品销售记录				
2	编号	销售日期	销售人员	品牌	商品类型	型号	商品单价	销售数量	销售金额
4	SP0002	2013/2/8	赵宏伟	方正	服务器	方正圆明LT300 1800	9500	5	47500
15	SP0013	2013/2/10	王国栋	惠普	服务器	HP ProLiant ML150 G6(AU659A)	9500	5	47500
21	SP0019	2013/4/1	赵宏伟	联想	服务器	万全 T350 G7	23000	8	184000
22	SP0020	2013/4/1	林秋雨	联想	服务器	万全 T100 G10	5499	6	32994

图 11-9　筛选结果示意

（6）如果要撤销筛选，直接单击高亮的"筛选"命令，则又回到全部数据的状态。

当筛选要求较为复杂时，自动筛选无法满足要求，可以使用高级筛选，任意组合筛选条件，以适用于复杂的条件筛选。比如，要筛选"林秋雨"销售"笔记本"的记录及"马云腾"销售"服务器"的记录，自动筛选无法完成，而使用高级筛选可以解决此类问题，步骤如下：

（1）在工作表中输入筛选条件，且必须具有列标题，与数据清单至少间隔一个空行。此时，在 C27:D29 单元格区域中依次输入图 11-10 所示条件。

	A	B	C	D	E
16	SP0014	2013/3/8	林秋雨	惠普	服务器
17	SP0015	2013/3/9	赵宏伟	惠普	笔记本
18	SP0016	2013/3/10	马云腾	IBM	服务器
19	SP0017	2013/3/11	林秋雨	联想	台式机
20	SP0018	2013/4/1	王国栋	联想	台式机
21	SP0019	2013/4/1	赵宏伟	联想	服务器
22	SP0020	2013/4/1	林秋雨	联想	服务器
23	SP0021	2013/4/2	王国栋	联想	服务器
24	SP0022	2013/4/3	马云腾	宏基	笔记本
25	SP0023	2013/4/4	林秋雨	联想	笔记本
26					
27			商品类型	销售人员	
28			服务器	马云腾	
29			笔记本	林秋雨	

图 11-10　高级筛选操作

（2）选中数据清单中的任意单元格，单击"数据"菜单，选择"筛选"菜单中的"高级筛选"命令，打开"高级筛选"对话框。

（3）此时数据清单 A2:I25 被自动识别并选中，如图 11-11 所示。

（4）单击"高级筛选"对话框中"条件区域"右边的"压缩对话框"按钮，选中前面输入的筛选条件区域 C27:D29，如图 11-12 所示。再次单击"压缩对话框"按钮，返回"高级筛选"对话框。

图 11-11　"高级筛选"对话框

图 11-12　设置后的"高级筛选"对话框

（5）在"方式"选项区中选择"将筛选结果复制到其他位置"，然后在被激活的"复制到"选项框中选择筛选结果的放置位置，这里选择单元格 A31，如图 11-12 所示。

（6）单击"确定"按钮，返回工作表。此时筛选结果被复制到了指定的位置，如图 11-13 所示。

编号	销售日期	销售人员	品牌	商品类型	型号	商品单价	销售数量	销售金额
		商品类型	销售人员					
		服务器	马云腾					
		笔记本	林秋雨					
SP0007	2013/2/9	林秋雨	方正	笔记本	方正T400IG-T440AQ	3999	5	19995
SP0008	2013/2/9	马云腾	IBM	服务器	System x3850-M2	57500	3	172500
SP0010	2013/2/9	马云腾	方正	服务器	方正圆明MR100 2200	18500	2	37000
SP0011	2013/2/10	林秋雨	方正	笔记本	方正R430IG-I333AQ	5499	6	32994
SP0016	2013/3/10	马云腾	IBM	服务器	System x3250-M2	6000	3	18000
SP0023	2013/4/4	林秋雨	联想	笔记本	联想Y460A-ITH（白）	5999	10	59990

图 11-13　高级筛选结果示意

任务4：通过用分类汇总分析数据

1．任务描述

所谓分类汇总是指在数据清单中对数据进行分类，并按分类进行汇总计算。进行分类汇总时，不需要手工创建公式，Excel 将自动进行求和、计数、求平均值和总体方差等汇总计算，并将计算结果分级显示。

2．操作步骤

在进行分类汇总前，必须对分类的字段进行排序，将同一类数据集中在一起。在当前项目中，按"销售人员"字段对销售记录表中的数据进行分类汇总，以获得员工销售商品的数量及销售金额。操作步骤如下：

（1）由于分类汇总命令不能操作表格数据，所以首先将表格数据转换为普通数据区域，选中全部数据（包含标题行），单击"表格工具"菜单（隐藏）中的"转换为区域"命令，如图 11-14 所示。

图 11-14　转换为数据区域操作

（2）按照主要关键字"销售人员"及次要关键字"商品类型"对数据清单进行升序排序。

（3）在排序结果中选中任一单元格，单击"数据"菜单，选择"分类汇总"菜单命令，打开"分类汇总"对话框。

(4) 在"分类字段"下拉列表中选择"销售人员";在"汇总方式"下拉列表中选择"求和";在"选定汇总项"列表框中勾选"销售数量"和"销售金额"选项;勾选"替换当前分类汇总"和"汇总结果显示在数据下方"复选框,如图 11-15 所示。

(5) 单击"确定"按钮返回工作表。此时在工作表上将显示分类汇总的结果,如图 11-16 所示。单击工作表左上角的"分级符号"按钮，可以仅显示不同级别上的汇总结果,单击工作表左边的"加号"按钮和"减号"按钮，可以显示或隐藏某个汇总项目的详细内容。

图 11-15 "分类汇总"对话框

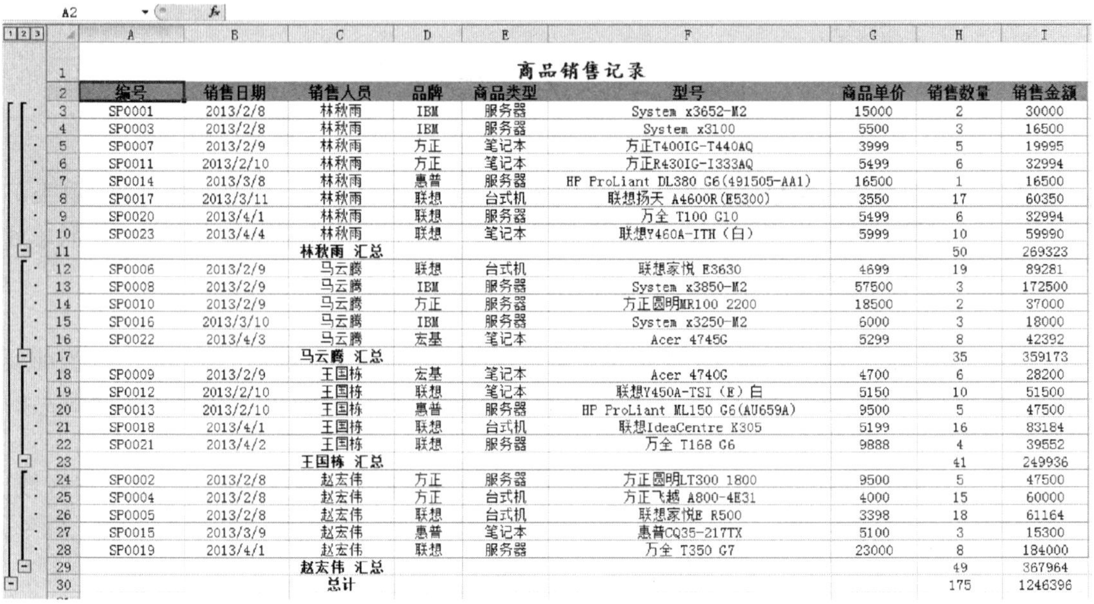

图 11-16 分类汇总结果

(6) 单击"数据"菜单,选择"分类汇总"菜单命令,打开"分类汇总"对话框,单击"全部删除"按钮,则可以撤销分类汇总,还原数据清单,如图 11-17 所示。

图 11-17 撤销分类汇总操作

任务5：创建数据透视表

1. 任务描述

数据透视表是一种对大量数据进行合并汇总并建立交叉列表的交互式表格，是针对明细数据进行全面分析的最佳工具，其可将排序、筛选和分类汇有机结合起来，通过转换行和列来查看数据的不同汇总结果，可以显示不同页面以筛选数据，根据需要显示区域中的明细数据。

2. 操作步骤

（1）单击数据清单中的任意单元格，单击"插入"菜单，选择"数据透视表"命令，打开"数据透视表"对话框，如图11-18所示。

图11-18 数据透视表操作

（2）所创建的报表类型为"数据透视表"，数据源类型默认为"Microsoft Office Excel 数据列表或数据库"。

（3）指定要建立数据透视表的数据源区域，一般情况下Excel会自动识别并选中整个数据清单区域，如图11-19所示。如果该区域不符，可在这里重新拖动选择。

（4）在弹出的对话框中指定数据透视表的创建位置，这里选择"新工作表"，如图11-19所示。如果选择建立在现有工作表中，则还要指定具体的单元格位置。

图11-19 "创建数据透视表"对话框

（5）单击“确定”按钮，一个空白的数据透视表已自动生成在新工作表中，如图 11-20 所示。

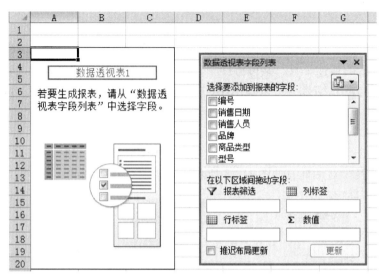

图 11-20　空白数据透视表

（6）将“品牌”字段拖动到“报表筛选”区域，将“销售日期”字段拖动到“行标签”区域，将“商品类型”字段拖动到“列标签”区域，将“销售金额”字段拖动到“Σ 数值”区域，则得到一个完整的数据透视表，通过该报表可以了解某品牌产品每日的销售情况，如图 11-21 所示。

品牌	(全部)			
求和项:销售金额	列标签			
行标签	笔记本	服务器	台式机	总计
2013/2/8		94000	121164	215164
2013/2/9	48195	209500	89281	346976
2013/2/10	84494	47500		131994
2013/3/8		16500		16500
2013/3/9	15300			15300
2013/3/10		18000		18000
2013/3/11			60350	60350
2013/4/1		216994	83184	300178
2013/4/2		39552		39552
2013/4/3	42392			42392
2013/4/4	59990			59990
总计	250371	642046	353979	1246396

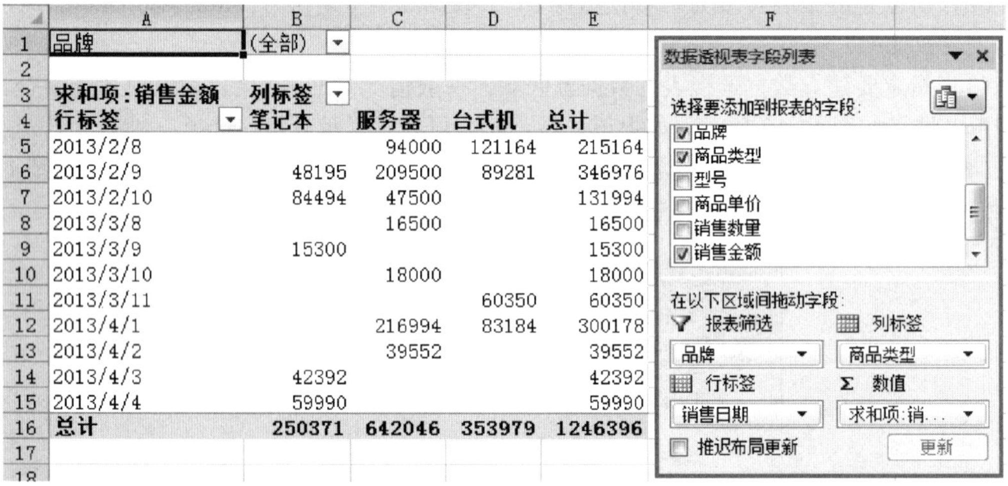

图 11-21　销售日报表

（7）单击“报表筛选”区域中的“品牌”标签旁边的下三角按钮，在列表中选择“联想”，然后单击“确定”按钮返回工作表，此时数据透视表则筛选出联想的整体销售情况，如图 11-22 所示。在列表中选择“全部”选项，数据透视表又还原为显示全部的销售记录和汇总情况。

图 11-22 品牌销售情况表

当前的数据透视表显示的是日销售统计，可以通过"筛选"来创建按月、按季度，甚至按年显示的数据透视表。以创建销售月报表为例，操作步骤如下：

（1）在数据透视表中单击任意单元格，然后单击"选项"菜单，选择"将字段分组"命令，如图 11-23 所示。

图 11-23 字段分组操作

（2）在打开的"分组"对话框的"起始于"及"终止于"文本框中输入时间，如图 11-24 所示。单击"确定"按钮，即可得到销售月报表，如图 11-25 所示。

图 11-24 "分组"对话框

图 11-25 销售月报表

（3）当作为数据透视表数据源的数据清单发生改变时，数据透视表本身并不会随之自动更新，需要手动刷新。首先单击数据透视表，然后单击"选项"菜单，选择"刷新"菜单中的"全部刷新"命令，如此即可更新数据透视表，如图 11-26 所示。

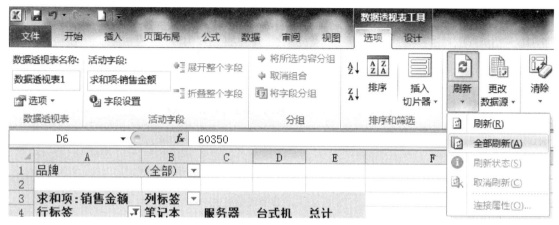

图 11-26　更新数据透视表

（4）如果要分析每个销售人员的情况，只需将"报表筛选"选择为"销售人员"，其他操作与前面的讲解类似，这里不再重复叙述，请读者自己动手做一下。

任务 6：创建数据透视图

1．任务描述

可以通过建立的数据透视表创建数据透视图，更为直观地对明细数据进行全面分析，可以显示不同页面以筛选数据，根据需要可显示区域中的明细数据。

2．操作步骤

（1）选择数据透视表，单击"选项"菜单，选择"数据透视图"命令，打开"数据透视图"对话框，如图 11-27 所示。

图 11-27　创建数据透视图操作

（2）在弹出的"插入图表"对话框中选择"簇状柱形图"，如图 11-28 所示。

（3）单击"确定"按钮生成数据透视图，如图 11-29 所示。

（4）单击"数据透视图工具"菜单中的"设计"命令，对数据透视图的布局和样式进行调整，如图 11-30 所示。更改布局样式后的数据透视图如图 11-31 所示。

项目十一 销售统计分析

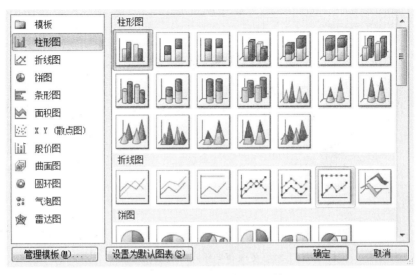

图 11-28 "插入图表"对话框

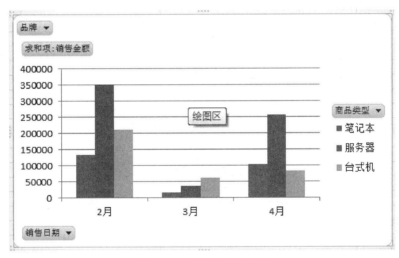

图 11-29 数据透视图效果

图 11-30 数据透视图的布局与样式

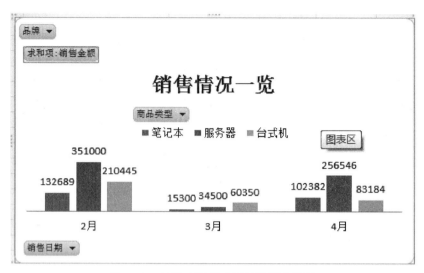

图 11-31　更改布局样式后的数据透视图

（5）通过对"品牌""商品类型"和"销售日期"字段的筛选，可以分类显示不同的销售情况。图 11-32 所示为联想品牌 4 月份的销售情况。

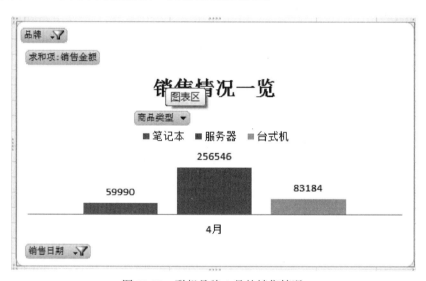

图 11-32　联想品牌 4 月的销售情况

【知识拓展】

1. 数据的筛选

"筛选"可以只显示满足指定条件的数据库记录，不满足条件的数据库记录则暂时隐藏起来。Excel 提供自动筛选和高级筛选两种方法，其中自动筛选比较简单，而高级筛选的功能强大，可以利用复杂的筛选条件进行筛选。

1）自动筛选

（1）原始数据表如图 11-33 所示，其中分别在一些单元格中标注了黄色和红色。

编号	销售日期	销售人员	品牌	商品类型	型号	商品单价	销售数量	销售金额
SP0001	2013/2/8	林秋雨	IBM	服务器	System x3652-M2	15000	2	30000
SP0002	2013/2/8	赵宏伟	方正	服务器	方正圆明LT300 1800	9500	5	47500
SP0003	2013/2/8	林秋雨	IBM	服务器	System x3100	5500	3	16500
SP0004	2013/2/8	赵宏伟	方正	台式机	方正飞越 A800-4E31	4000	15	60000
SP0005	2013/2/8	赵宏伟	联想	台式机	联想家悦E R500	3398	18	61164
SP0006	2013/2/9	马云腾	联想	台式机	联想家悦 E3630	4699	19	89281
SP0007	2013/2/9	林秋雨	方正	笔记本	方正T400IG-T440AQ	3999	5	19995
SP0008	2013/2/9	马云腾	IBM	服务器	System x3850-M2	57500	3	172500
SP0009	2013/2/9	王国栋	宏基	笔记本	Acer 4740G	4700	6	28200
SP0010	2013/2/9	马云腾	方正	服务器	方正圆明MR100 2200	18500	2	37000
SP0011	2013/2/10	林秋雨	方正	笔记本	方正R430IG-I333AQ	5499	6	32994
SP0012	2013/2/10	王国栋	联想	笔记本	联想Y450A-TSI（E）白	5150	10	51500
SP0013	2013/2/10	王国栋	惠普	服务器	HP ProLiant ML150 G6(AU659A)	9500	5	47500
SP0014	2013/3/8	林秋雨	惠普	服务器	HP ProLiant DL380 G6(491505-AA1)	16500	1	16500
SP0015	2013/3/9	赵宏伟	惠普	笔记本	惠普CQ35-217TX	5100	3	15300
SP0016	2013/3/10	马云腾	IBM	服务器	System x3250-M2	6000	3	18000
SP0017	2013/3/11	林秋雨	联想	台式机	联想扬天 A4600R(E5300)	3550	17	60350
SP0018	2013/4/1	王国栋	联想	台式机	联想IdeaCentre K305	5199	16	83184
SP0019	2013/4/1	赵宏伟	联想	服务器	万全 T350 G7	23000	8	184000
SP0020	2013/4/1	林秋雨	联想	服务器	万全 T100 G10	5499	6	32994
SP0021	2013/4/2	王国栋	联想	服务器	万全 T168 G6	9888	4	39552
SP0022	2013/4/3	马云腾	宏基	笔记本	Acer 4745G	5299	8	42392
SP0023	2013/4/4	林秋雨	联想	笔记本	联想Y460A-ITH（白）	5999	10	59990

图 11-33　颜色筛选图示

（2）单击"商品单价"数据列上的筛选按钮，选择"按颜色筛选"命令，并挑选颜色，例如"黄色"，如图 11-34 所示。

图 11-34　颜色筛选设置

（3）最终结果如图 11-35 所示。

	A	B	C	D	E	F	G	H	I
1					商品销售记录				
2	编号	销售日期	销售人员	品牌	商品类型	型号	商品单价	销售数量	销售金额
7	SP0005	2013/2/8	赵宏伟	联想	台式机	联想家悦E R500	3398	18	61164
9	SP0007	2013/2/9	林秋雨	方正	笔记本	方正T400IG-T440AQ	3999	5	19995
19	SP0017	2013/3/11	林秋雨	联想	台式机	联想扬天 A4600R(E5300)	3550	17	60350

图 11-35　颜色筛选效果

2）自动筛选的"自定义"

若单击下拉表中的"自定义"项，就弹出"自定义自动筛选方式"对话框，在对话框中可以自定义自动筛选的条件，这些条件当然不是选择某个值那么简单。

在对话框的左侧下拉列表中可以规定关系操作符（大于、等于、小于等），在右侧下拉列表中则可以规定字段值，而且两个比较条件还能以"或者"或"并且"的关系组合起来形成复杂的条件。

例如，可以自定义筛选条件为英语成绩在 85 分和 95 分之间（大于等于 85 并且小于等于 95），如图 11-36 所示，通过对多个字段依次自动筛选，可以进行一些复杂的筛选操作。例如，要筛选出英语和数学成绩都在 85 分以上的学生的记录，可以先筛选出"英语成绩在 85 分以上"的学生记录，然后在已经筛选出的记录中继续筛选"数学成绩在 85 分以上"的记录。

图 11-36 "自定义自动筛选方式"对话框

3）高级筛选

对于复杂的筛选条件，可以使用高级筛选。使用高级筛选的关键是设置用户自定义的复杂组合条件，这些组合条件常常放在一个称为条件区域的单元格区域中。

（1）筛选的条件区域。

条件区域包括两个部分：标题行（也称字段名行或条件名行）、一行或多行的条件行。条件区域的创建步骤如下：

① 在数据库记录的下面准备好一个空白区域。

② 在此空白区域的第一行输入字段名作为条件名行，最好是从字段名行复制过来，以避免输入时因大/小写或多余的空格而造成不一致。

③ 在字段名的下一行开始输入条件。

（2）筛选的条件。

① 简单条件。简单条件是指只用一个简单的比较运算（ =、>、>=、<、<=、<>）表示的条件。在条件区域字段名正下方的单元格输入条件，如：

姓名	英语	数学
刘*	>80	>=85

当是等于（=）关系时，等号"="可以省略。当某个字段名下没有条件时，允许空白，但是不能加上空格，否则将得不到正确的筛选结果。

对于字符字段，其下面的条件可以用通配符"*"及"?"。字符的大小比较按照字母顺序进行，对于汉字，则以拼音为顺序，若字符串用于比较条件，必须用双引号""（除直接写的字符串）。

② 组合条件。若需要使用多重条件在数据库中选取记录，就必须把条件组合起来。其基本形式有两种：

a. 在同一行内的条件表示 AND（"与"）关系。例如：要筛选出所有姓刘并且英语成绩高于 80 分的人，条件表示为：

姓名	英语
刘 *	>80

如果要建立一个条件为某字段的值的范围，必须在同一行的不同列中为每个条件建立字段名。例如，要筛选出所有姓刘并且英语成绩为 70~79 分的人，条件表示为：

姓名	英语	英语
刘 *	>=70	<80

b. 在不同行内的条件表示 OR（"或"）的关系。例如，要筛选出姓刘并且英语分数大于等于 80 或英语分数低于 60 的人。这时组合条件在条件区域中表示为：

姓名	英语
刘 *	>=80
	<60

如果组合条件为：姓刘或英语分数低于 60。这时组合条件在条件区域中则写成：

姓名	英语
刘 *	
	<60

由以上的例子可以总结出组合条件的表示规则如下：

规则 A：当使用数据库不同字段的多重条件时，必须在同一行的不同列中输入条件。

规则 B：当在一个数据库字段中使用多重条件时，必须在条件区域中重复使用同一字段名，这样可以在同一行的不同列中输入每个条件。

规则 C：在一个条件区域中使用不同字段或同一字段的逻辑 OR 关系时，必须在不同行中输入条件。

③ 计算条件。前面介绍的筛选方法都是用数据库字段的值与条件区域中的条件作比较。实际上，如果用数据库的字段（一个或几个）根据条件计算出来的值进行比较，也可以筛选出所需的记录。操作方法如下：

在条件区域的第一行中输入一个不同于数据库中任何字段名的条件名（空白也可以）。如果计算条件的条件名与某一字段名相同，Excel 将认为是字段名。在条件名正下方的单元格中输入计算条件公式。在公式中通过引用字段的第一条记录的单元格地址（用相对地址）去引用数据库字段。公式计算后得到的结果必须是逻辑值 TRUE 或 FALSE。

例：筛选出英语和数学两门课分数之和大于 160 的学生的记录。

分析：解决本例可以用计算条件。假设英语、数学分别在 F、G 列，第一条记录在第二行，计算条件就是 F2 + G2 > 160。在条件名行增加条件名"英数"，在其下输入计算条件，表示为：

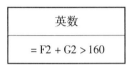

（3）高级筛选操作。

高级筛选的操作步骤为：

① 按照前面所讲的方法建立条件区域。

② 在数据库区域内选定任意一个单元格。

③ 单击"数据"菜单，选择"筛选"菜单中的"高级"命令，弹出"高级筛选"对话框，如图 11-37 所示。

④ 在"高级筛选"对话框中选中"在原有区域显示筛选结果"选项。

⑤ 输入"条件区域"。"数据区域"是自动获取的，如果不正确，可以更改。

图 11-37 "高级筛选"对话框

⑥ 单击"确定"按钮，则筛选出符合条件的记录。

如果要把筛选出的结果复制到一个新的位置，则可以在"高级筛选"对话框中选定"将筛选结果复制到其他位置"选项，并且还要在"复制到"区域中输入要复制到的目的区域的首单元地址。注意，以首单元地址为左上角的区域必须有足够多的空位存放筛选结果，否则将覆盖该区域的原有数据。

有时要把筛选的结果复制到另外的工作表中，则必须首先激活目标工作表，然后单击"数据"菜单，选择"筛选"菜单中的"高级筛选"命令，在"高级筛选"对话框中输入"数据区域"和"条件区域"时要注意加上工作表的名称，如数据区域为 Sheet1! A1:H16，条件区域为 Sheet1! A20:B22，而复制到的区域直接为 A1。这个 A1 是当前的活动工作表（比如 Sheet2）的 A1，而不是源数据区域所在的工作表 Sheet1 的 A1。

如果不想从一个数据库提取全部字段，就必须先定义一个提取区域。在提取区域的第一行中给出要提取的字段及字段的顺序。这个提取区域就作为高级筛选的结果"复制到"的目的区域的地址，Excel 会自动在该区域中所要求的字段下面列出筛选结果。例如把 A25：C25 作为提取区域，其中的内容如下：

A25	B25	C25
姓名	籍贯	总分

然后在"复制到"区域中输入"A25:C25",则由条件区域所指定的记录的"姓名""籍贯""总分"三个字段的信息将复制到提取区域 A25:C25 下面的新位置。

如果要删除某些符合条件的记录,可以在筛选后(在原有区域显示筛选结果)选中这些筛选结果,单击"编辑"菜单,选择"删除"命令项即可。

在"高级筛选"对话框中,选中"选择不重复的记录"复选框后再筛选,得到的结果中将剔除相同的记录(但必须同时选择"将筛选结果复制到其他位置"此操作才有效)。这个特性使用户可以将两个相同结构的数据库合并起来,生成一个不含有重复记录的新数据库。此时筛选的条件为"无条件",具体做法是:在条件区只写一个条件名,条件名下面不要写任何条件,这就是所谓的"无条件"。

2. 条件格式的设置

(1)选中所需要运用条件格式的列或行,如图 11-38 所示。

图 11-38　选中区域

(2)在"开始"选项卡中单击"条件格式"→"数据条"命令,选择"渐变填充"样式下的"浅蓝色数据条",如图 11-39 所示。

图 11-39　设置条件格式

(3) 结果如图 11-40 所示,可以注意到,负数对应的数据条是反方向的红色色条。

(4) 也可以设置图标集条件格式。选中所需要运用条件格式的列或行,如图 11-41 所示。

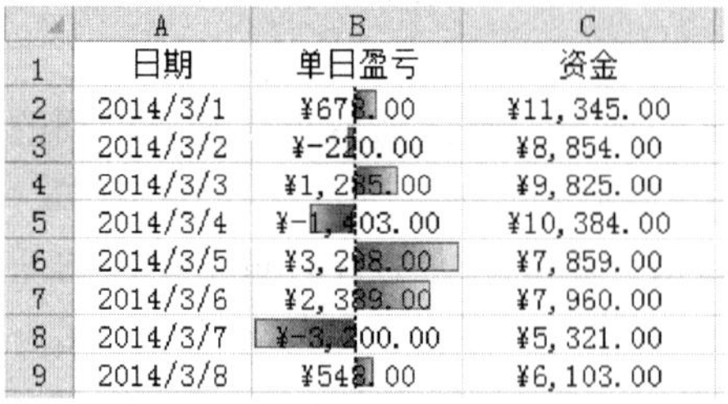

图 11-40　条件格式效果

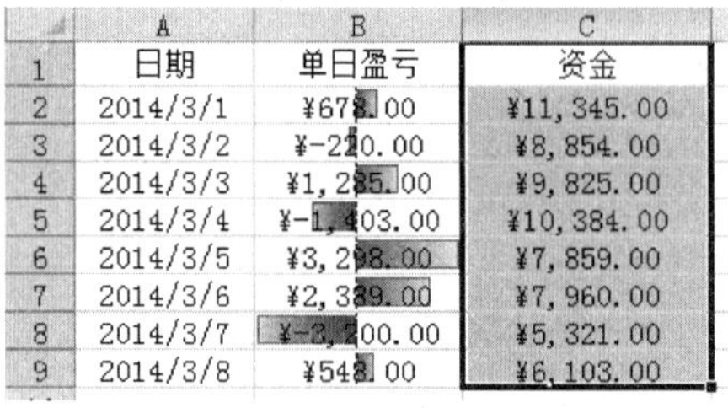

图 11-41　选择区域

(5) 在"开始"选项卡中单击"条件格式"→"图标集"命令,此处选择"三向箭头",如图 11-42 所示。

图 11-42　图标集条件格式

(6) 效果如图 11-43 所示。

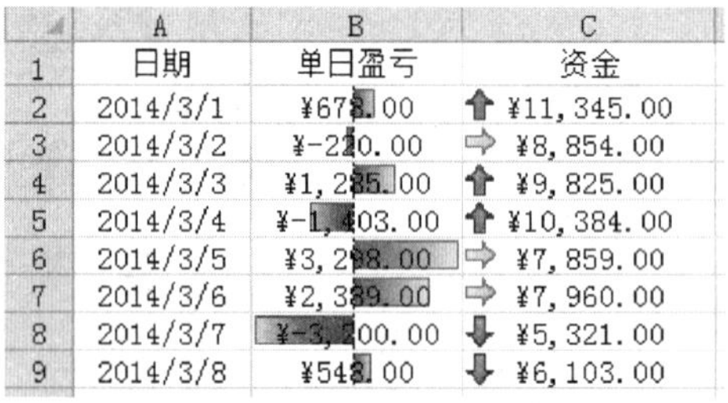

图 11-43　图标集效果

(7) 在 Excel 2010 中可自定义条件格式和显示效果。例如,只显示"绿色箭头"图标,可选中数据后,单击"开始"→"条件格式"→"管理规则"命令,如图 11-44 所示。

图 11-44 设置管理规则

(8) 单击"管理规则"命令,如图 11-45 所示。

图 11-45 "条件格式规则管理器"对话框

(9) 按图 11-46 所示设置图标的显示条件。
(10) 单击"确定"按钮,效果如图 11-47 所示。

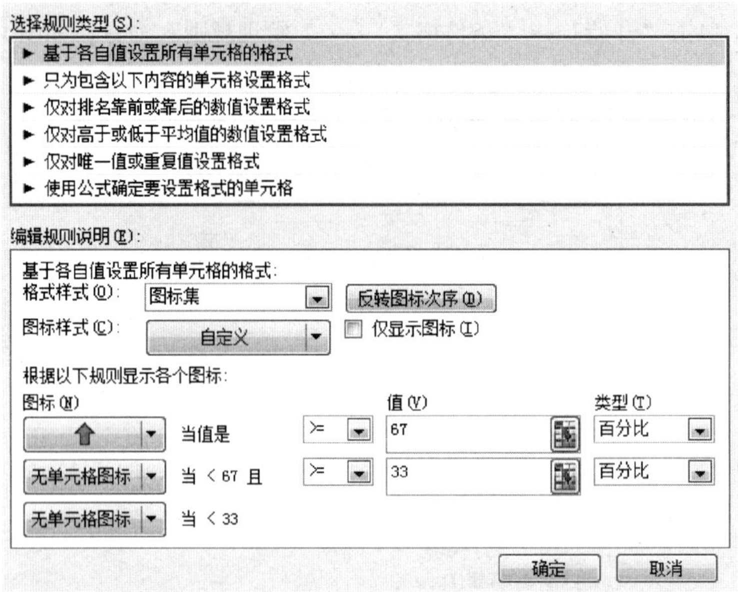

图 11-46　编辑管理规则

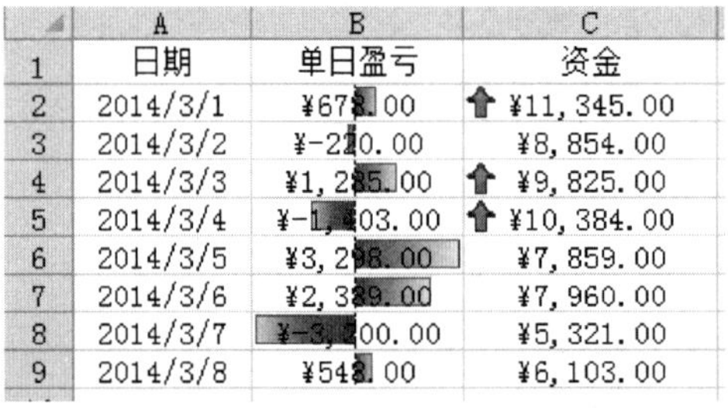

	A	B	C
1	日期	单日盈亏	资金
2	2014/3/1	¥678.00	¥11,345.00
3	2014/3/2	¥-220.00	¥8,854.00
4	2014/3/3	¥1,285.00	¥9,825.00
5	2014/3/4	¥-1,403.00	¥10,384.00
6	2014/3/5	¥3,298.00	¥7,859.00
7	2014/3/6	¥2,389.00	¥7,960.00
8	2014/3/7	¥-3,200.00	¥5,321.00
9	2014/3/8	¥548.00	¥6,103.00

图 11-47　自定义管理规则效果

3. 数据透视表和数据透视图的建立

数据透视表是一个功能强大的数据汇总工具，用来对数据库中的相关信息进行汇总，而数据透视图是数据透视表的图形表达形式。当需要用一种有意义的方式对成千上万行数据进行说明时，就需要用到数据透视图。

分类汇总虽然也可以对数据进行多字段的汇总分析，但它形成的表格是静态的、线性的，数据透视表则是一种动态的、二维的表格。在数据透视表中，建立了行列交叉列表，并可以通过行列转换查看源数据的不同统计结果。

下面以图 11-48 中的数据库为例，说明如何建立数据透视表。

以图 11-48 中的数据为数据源，建立一个数据透视表，按学生的籍贯和学科分类统计出英语和数学的平均成绩。

（1）单击数据清单中的任意单元格，单击“插入”菜单，选择“数据透视表”命令，打开创建“数据透视表”对话框。

	A	B	C	D	E	F	G	H
1	姓名	性别	出生年月	籍贯	学科	英语	数学	总分
2	赵琳	女	1993年5月1日	北京	文科	62	95	157
3	赵宏伟	男	1993年5月24日	上海	理科	88	88	176
4	张伟建	男	1993年6月16日	广州	文科	93	79	172
5	杨志远	男	1993年7月9日	天津	文科	67	65	132
6	徐自立	男	1993年8月1日	西安	文科	77	91	168
7	吴伟	男	1993年8月24日	北京	理科	86	90	176
8	王自强	男	1993年9月16日	上海	理科	81	85	166
9	王凯东	男	1993年10月9日	广州	理科	80	85	165
10	王建国	男	1993年11月1日	天津	理科	97	83	180
11	王芳	女	1993年11月24日	西安	文科	71	72	143
12	王尔卓	女	1993年12月17日	北京	文科	77	70	147
13	石明丽	女	1994年1月9日	上海	理科	75	66	141
14	刘国栋	男	1994年2月1日	广州	理科	79	61	140
15	林晓鸥	女	1994年2月24日	天津	文科	92	79	171
16	林秋雨	女	1994年3月19日	西安	理科	85	96	181
17	李晓明	男	1994年4月11日	北京	文科	77	80	157
18	李达	男	1994年5月4日	上海	理科	78	79	157
19	金玲	女	1994年5月27日	广州	文科	64	66	130
20	郭瑞芳	女	1994年6月19日	天津	理科	80	90	170
21	邓卓月	女	1994年7月12日	西安	理科	71	83	154
22	陈向阳	男	1994年8月4日	北京	理科	82	75	157
23	陈伟达	男	1994年8月27日	上海	文科	83	69	152
24	陈强	男	1994年9月19日	广州	理科	88	90	178

图 11-48 原始数据表

（2）指定要建立数据透视表的数据源区域，一般情况下 Excel 会自动识别并选中整个数据清单区域。如果该区域不符，可在这里重新拖动选择。

（3）在弹出的对话框中指定数据透视表的创建位置，这里选择"新工作表"，如图 11-49 所示。如果选择建立在现有工作表中，则还要指定具体的单元格位置。

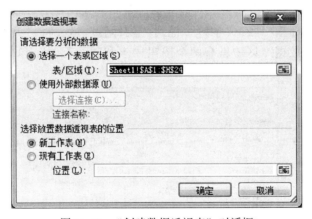

图 11-49 "创建数据透视表"对话框

（4）单击"确定"按钮，一个空白的数据透视表已自动生成在新工作表中，如图 11-50 所示。

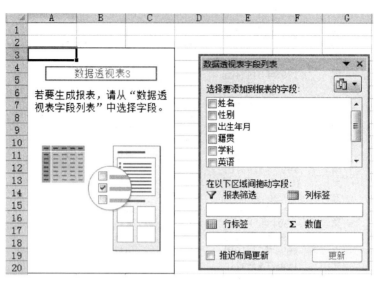

图 11-50 数据透视表字段列表

(5) 在数据透视表中单击"选项"菜单中的"字段标题"项,取消高亮显示,如图 11-51 所示,其目的是在数据透视表中隐藏字段标题的名称。

图 11-51 隐藏字段列表

(6) 在"数据透视表字段列表"对话框中,布局模式选择为"字段节和区域节并排",将"籍贯"拖到"行标签"区,"学科"拖到"列标签"区,将"英语"和"数学"拖到"数值"区。这时,"数据"区中就有两个按钮"求和项:英语"和"求和项:数学",如图 11-52 所示。

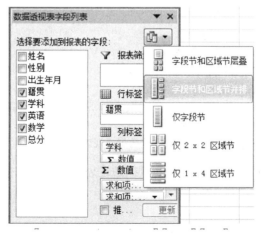

图 11-52 "数据透视表字段列表"对话框

(7) 分别单击这两个按钮，在弹出的菜单项中选择"值字段设置"命令（图 11-53）。在弹出的"值字段设置"对话框中设置"汇总方式"为"平均值"。单击"数字格式"按钮，选择数值类型，单击"确定"按钮返回"值字段设置"对话框，在"值字段设置"对话框中再单击"确定"按钮返回，如图 11-54 所示。

图 11-53 选择"值字段设置"命令

图 11-54 设置字段汇总和数字格式

(8) 由于选择在"新建工作表"中显示数据透视表，即可在一个新的工作表中创建一个数据透视表，效果如图 11-55 所示。

	A	B	C	D	E	F	G
1							
2							
3		理科		文科		平均值项:英语汇总	平均值项:数学汇总
4		平均值项:英语	平均值项:数学	平均值项:英语	平均值项:数学		
5	北京	84.00	82.50	72.00	81.67	76.80	82.00
6	广州	82.33	78.67	78.50	72.50	80.80	76.20
7	上海	80.50	79.50	83.00	69.00	81.00	77.40
8	天津	88.50	86.50	79.50	72.00	84.00	79.25
9	西安	78.00	89.50	74.00	81.50	76.00	85.50
10	总计	82.31	82.38	76.30	76.60	79.70	79.87

图 11-55　一个生成的数据透视表

在该数据透视表中，可以任意地拖动交换行、列字段，数据区中的数据会自动随着变化。可通过"数据透视表"中的"字段列表"，自动在新的工作表中生成数据透视图。可通过在"字段列表"对话框中单击"选项"菜单，选择"字段列表"菜单是否高亮来显示和隐藏。数据透视表生成后，还可以方便地对它进行修改和调整。

【技能训练】

对如图 11-1 所示的商品销售记录表进行以下操作：

（1）对销售记录表进行高级筛选，筛选出"棘文销售服务器的情况"以及"闫峰的所有销售情况"，将筛选结果放在商品销售记录表下方，并对筛选结果进行进一步筛选，自动筛选出销售数量大于 3 的销售记录。

（2）通过数据透视表，创建如下商品销售统计报表，统计出销售员"棘文"的各类型商品的销售情况，如图 11-56 所示。

	A	B	C	D	E
1	销售人员	棘文			
2					
3	求和项:销售数量	商品类型			
4	销售日期	笔记本	服务器	台式机	总计
5	2010/2/8		10		10
6	2010/2/9	25			25
7	2010/2/10	10			10
8	2010/3/8		2		2
9	2010/3/11			35	35
10	2010/4/1		4		4
11	2010/4/4	36			36
12	总计	71	16	35	122

图 11-56　销售员日销售情况数据透视表

（3）对销售记录表进行分类汇总，按"销售人员"汇总出销售数量及金额之和。

项目十二

论文汇报文稿的制作

【项目目标】

本项目的目标是使用 PowerPoint 2010 软件制作论文汇报文稿,项目效果如图 12-1 所示。

图 12-1　项目效果

【需求分析】

学生毕业时都要进行论文答辩,要制作一个演示文稿把自己所做的内容展现出来,给老师讲解自己的论文成果,这时常常用到的一个工具就是 PowerPoint。

为什么要选用 Powerpoint 呢?

(1) PPT 制作非常简单,只需要花很短的时间就可以把相关内容以静态或动态的形式呈现出来。

(2) 把想要演示的内容预先输入到 PPT 中,这样在演示的过程中,可以直面观众进行讲解,增加了演讲者与观众互动交流的时间。

(3) PPT 是一种多媒体工具。在 PPT 中可以使用图片、音频以及视频等多种媒体,同时启动观众的左脑与右脑的思维和记忆,从而达到更好的表达效果。

通过本项目,读者应掌握 PowerPoint 2010 的启动与退出,了解 PowerPoint 2010 的窗口与视图;熟练掌握建立演示文稿,编辑幻灯片,编辑文字,插入图片、形状、SmartArt 图形的基本操作;掌握幻灯片的复制、移动、插入和删除的方法;了解建立超链接、建立动作按钮、插入声音与影像的常用方法。

【方案设计】

1. 总体设计

针对主题，选用相应的设计，输入相关的文字，并设置格式，插入图片、形状、SmartArt 图形，建立超级链接和动作，最后放映幻灯片。

2. 任务分解

任务 1：演示文稿文档的建立及保存；

任务 2：幻灯片的插入、删除与主题设计；

任务 3：幻灯片母版及背景设计；

任务 4：在幻灯片中插入图片、形状及输入文字；

任务 5：在幻灯片中插入 SmartArt 图形；

任务 6：在幻灯片中设置超链接和动作；

任务 7：幻灯片的放映和结束。

3. 知识准备

启动 PowerPoint 2010 后将进入其工作界面，熟悉其工作界面的各组成部分是制作演示文稿的基础。PowerPoint 2010 工作界面由标题栏、"文件"菜单、功能选项卡、快速访问工具栏、功能区、"幻灯片/大纲"窗格、幻灯片编辑区、备注窗格和状态栏等部分组成，如图 12-2 所示。

图 12-2　PowerPoint 2010 工作界面

PowerPoint 2010 工作界面各组成部分的作用如下：

（1）标题栏：位于 PowerPoint 工作界面的右上角，它用于显示演示文稿名称和程序名称，最右侧的 3 个按钮分别用于对窗口执行最小化、最大化和关闭操作。

项目十二 论文汇报文稿的制作

(2) 快速访问工具栏：该工具栏提供了最常用的"保存"按钮 ■、"撤销"按钮 ■ 和"恢复"按钮 ■，单击对应的按钮可执行相应的操作。如需在快速访问工具栏中添加其他按钮，可单击其后的 ▼ 按钮，在弹出的菜单中选择所需的命令即可。

(3) "文件"菜单：用于执行 PowerPoint 演示文稿的新建、打开、保存和退出等基本操作；该菜单右侧列出了用户经常使用的演示文档名称。

(4) 功能选项卡：相当于菜单命令，它将 PowerPoint 2010 的所有命令集成在几个功能选项卡中，选择某个功能选项卡可切换到相应的功能区。

(5) 功能区：在功能区中有许多自动适应窗口大小的工具栏，不同的工具栏中又放置了与此相关的命令按钮或列表框。

(6) "幻灯片/大纲"窗格：用于显示演示文稿的幻灯片数量及位置，通过它可更加方便地掌握整个演示文稿的结构。在"幻灯片"窗格下，将显示整个演示文稿中幻灯片的编号及缩略图；在"大纲"窗格下列出了当前演示文稿中各张幻灯片中的文本内容。

(7) 幻灯片编辑区：是整个工作界面的核心区域，用于显示和编辑幻灯片，在其中可输入文字内容、插入图片和设置动画效果等，它是使用 PowerPoint 制作演示文稿的操作平台。

(8) 备注窗格：位于幻灯片编辑区下方，可供幻灯片制作者或幻灯片演讲者查阅该幻灯片信息或在播放演示文稿时对需要的幻灯片添加说明和注释。

(9) 状态栏：位于工作界面最下方，用于显示演示文稿中所选的当前幻灯片以及幻灯片总张数、幻灯片采用的模板类型、视图切换按钮以及页面显示比例等。

为满足用户的不同需求，PowerPoint 2010 提供了多种视图模式以方便用户编辑查看幻灯片，在工作界面下方单击 ▭▦▤▭ 中的任意一个按钮，即可切换到相应的视图模式。

(1) 普通视图：PowerPoint 2010 默认显示普通视图，在该视图中可以同时显示幻灯片编辑区、"幻灯片/大纲"窗格以及备注窗格。它主要用于调整演示文稿的结构及编辑单张幻灯片中的内容。

(2) 幻灯片浏览视图：可浏览幻灯片在演示文稿中的整体结构和效果，在该模式下也可以改变幻灯片的版式和结构，如更换演示文稿的背景、移动或复制幻灯片等，但不能对单张幻灯片的具体内容进行编辑。

(3) 阅读视图：该视图仅显示标题栏、阅读区和状态栏，主要用于浏览幻灯片的内容。演示文稿中的幻灯片将以窗口大小进行放映。

(4) 幻灯片放映视图：演示文稿中的幻灯片将以全屏动态放映，主要用于预览幻灯片在制作完成后的放映效果，以便及时对放映过程中不满意的地方进行修改，测试插入的动画、声音等效果，还可以在放映过程中标注出重点，观察每张幻灯片的切换效果等。

(5) 备注视图：备注视图与普通视图相似，只是没有"幻灯片/大纲"窗格，在此视图下幻灯片编辑区中完全显示当前幻灯片的备注信息。

【任务实现】

任务1：演示文稿文档的建立及保存

1. 任务描述

新建 PowerPoint 2010 演示文稿的缺省文件名为"演示文稿1"（当再次新建时，其缺省

- 225 -

的文件名为"演示文稿2"……),缺省的扩展名为".pptx"。

2. 操作步骤

(1) 启动 PowerPoint 2010 后,选择"文件"菜单→"新建"命令,出现图 12-3 所示界面,在"可用的模板和主题"栏中单击"空白演示文稿"图标,再单击"创建"按钮,即可创建一个空白演示文稿,如图 12-4 所示。

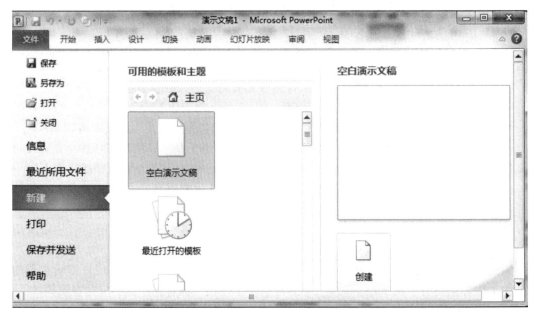

图 12-3 新建演示文稿

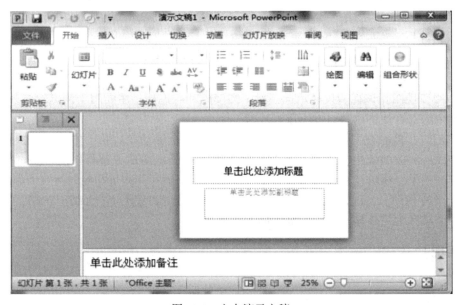

图 12-4 空白演示文稿

(2) 单击"文件"菜单→"保存"或"另存为"命令,在弹出的"另存为"对话框中输入文件名,然后单击"保存"按钮,如图 12-5 所示。

图 12-5 "另存为"对话框

任务2：幻灯片的插入、删除与主题设计

1．任务描述

新建的演示文稿中只有一张标题幻灯片，需要制作更多幻灯片的时候就要插入新的幻灯片。对一些不需要的幻灯片，可以将其删除。

2．操作步骤

（1）插入新的幻灯片。单击"开始"菜单→"新建幻灯片"命令，选择需要插入的Office主题，如图12-6所示，如果需要标题和内容格式，就选第二个主题，效果如图12-7所示。

（2）用其他方法插入新的幻灯片。单击第1张幻灯片，按Enter键，插入第2张幻灯片，用同样的方法可以继续插入更多张新的幻灯片，如图12-8所示。

（3）删除幻灯片。在幻灯片窗格中用鼠标右键单击要删除的幻灯片，选择"删除幻灯片"命令，或按键盘上的Delete键，实现快速删除，如图12-9所示。

（4）设计幻灯片主题。单击"设计"选项卡，单击鼠标左键选择图12-10所示的主题"波形"，该主题将默认应用于所有幻灯片中；再选择第2张幻灯片，在主题中选择"行云流水"，单击鼠标右键，选择"应用于选定幻灯片"，这样就可以修改当前页幻灯片的主题，效果如图12-11所示。

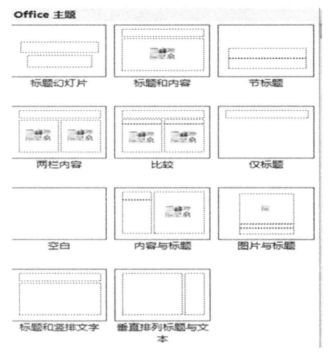

图 12-6 Office 主题

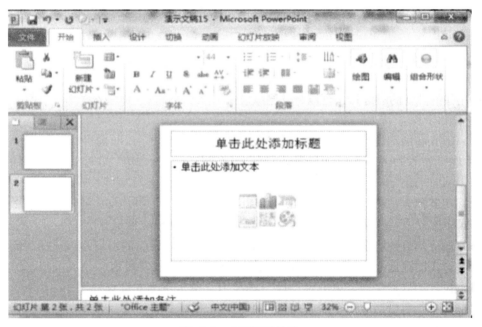

图 12-7 主题选择效果

项目十二　论文汇报文稿的制作

图 12-8　插入幻灯片

图 12-9　删除幻灯片

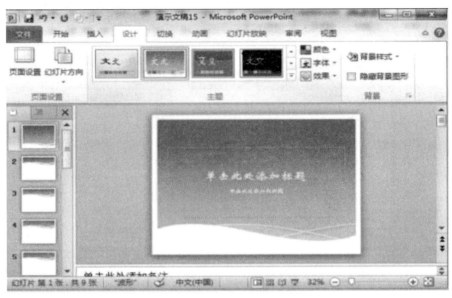

图 12-10 "设计"选项卡

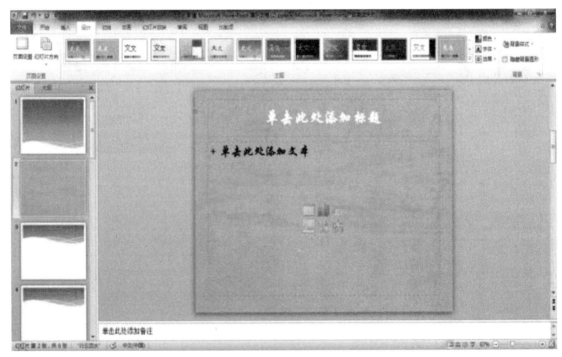

图 12-11 将主题设计应用于选定幻灯片

任务3：幻灯片母版及背景设计

1. 任务描述

幻灯片母版是幻灯片层次结构中的顶层幻灯片，用于存储有关演示文稿的主题和幻灯片版式的信息，包括背景、颜色、字体、效果、占位符的大小和位置。

每个演示文稿至少包含一个幻灯片母版，可以对演示文稿中的每张幻灯片（包括以后添加到演示文稿中的幻灯片）进行统一的样式更改，使用幻灯片母版时无须在多张幻灯片上键入相同的信息，因此节省了时间。

通过母版功能在演示文稿中具有相同主题的幻灯片中添加相同的内容。本任务是从第1张幻灯片开始，每张幻灯片具有相同背景，每张幻灯片的左上角显示相同的插图。

2. 操作步骤

单击"视图"菜单→"幻灯片母版"命令，如图12-12所示，选择第1个幻灯片母版，用鼠标右键单击"设置背景格式"，打开"设置背景格式"对话框，如图12-13所示，在"填充"选项区中选择"图片或纹理填充"，单击"文件"按钮，在打开的窗口中找到素材并选择"图片1.jpg"，将其插入到第1个幻灯片母版中，单击"全部应用"按钮后单击"关闭"按钮，效果如图12-14所示。再单击"插入"菜单→"图片"命令，在打开的窗口中找到素材并选择"图片2.png"，将其插入到第1个幻灯片母版中，并将图片移到页面左上角，调整到合适大小，这样创建出的每张幻灯片中都会带有相同的背景设计和插图效果，如图12-15所示。

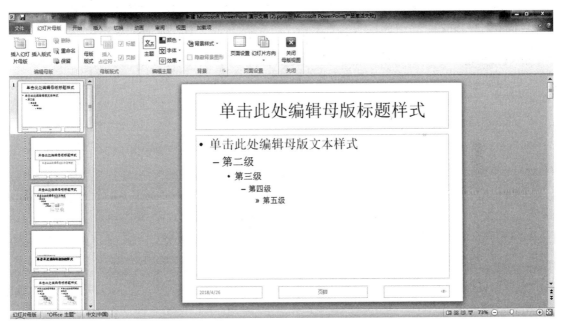

图12-12 幻灯片母版视图

图 12-13 "设置背景格式"对话框

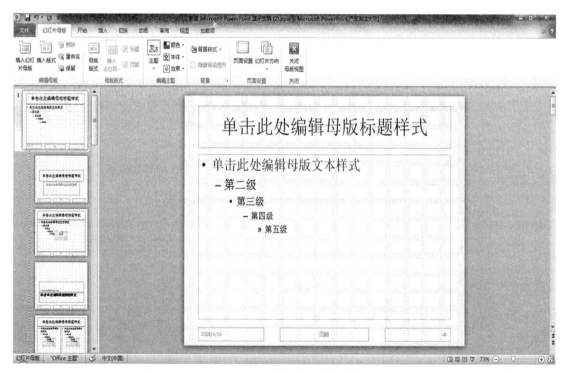

图 12-14 母版背景填充效果

项目十二　论文汇报文稿的制作

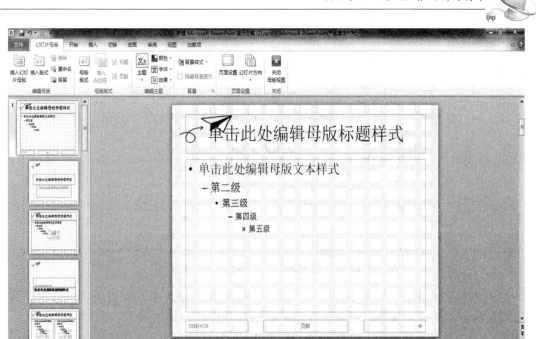

图 12-15　母版图片的插入

任务 4：在幻灯片中插入图片、形状及文字的输入

1. 任务描述

漂亮的演示文稿可以吸引观众的眼球，通过图片更能说明问题，所以在幻灯片中添加图片是很重要的。

2. 操作步骤

（1）插入图片和文字。选择第 1 张幻灯片，单击"插入"菜单→"图片"命令，在打开的窗口中找到素材并选择"图片 3.jpg"，将其插入到第 1 张幻灯片中，将图片移到页面上方，调整图片大小布局，效果如图 12-16 所示，单击"插入"菜单→"文本框"命令，输入相应的文字，效果如图 12-17 所示。

图 12-16　插入图片页面

- 233 -

图 12-17 第 1 张幻灯片的图片、文字效果

（2）用相同的方法，在第 2、3、4、5、7、8、9 张幻灯片中，利用提供的素材，分别插入对应的图片并输入文字。另外，在第 8 张幻灯片中，打开"插入"菜单→"形状"图库，选择"竖卷形"并绘制，选择"格式"菜单→"旋转"→"垂直旋转"命令，可以改变该形状的方向，再通过修改"形状填充""形状轮廓""形状效果"选项可以美化该形状。效果如图 12-18 所示。

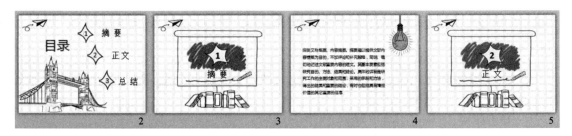

图 12-18 图片与文字混排效果

任务 5：在幻灯片中插入 SmartArt 图形

1. 任务描述

SmartArt 图形是信息和观点的视觉表示形式，可以从多种不同布局中进行选择，从而快速轻松地创建所需形式，以便有效地传达信息或观点。

创建 SmartArt 图形时，选择一种 SmartArt 图形类型，如"流程""层次结构""循环"

或"关系"等。每种类型的 SmartArt 图形包含几个不同的布局。选择了一个布局之后，可以很容易地切换 SmartArt 图形的布局或类型。新布局中将自动保留大部分文字和其他内容以及颜色、样式、效果和文本格式。

本任务是用 SmartArt 图来显示论文的整体结构，选择"循环矩阵"，设置其颜色和效果，输入文字内容。

2．操作步骤

（1）选择第 6 张幻灯片，选择"插入"菜单→"SmartArt"选项，在打开的"选择 SmartArt 图形"对话框中选择"矩阵"→"循环矩阵"，如图 12-19 所示。

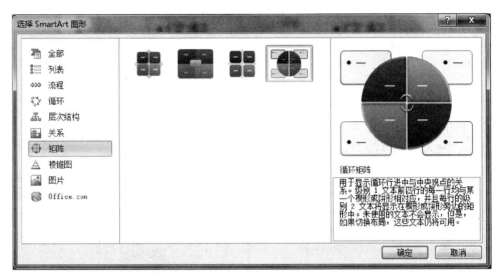

图 12-19　"选择 SmartArt 图形"对话框

（2）单击"设计"菜单→"更改颜色"按钮，选择彩色中的第 5 个，效果如图 12-20 所示，然后在"SmartArt 样式"选项中选择"三维"→"嵌入"，效果如图 12-21 所示。

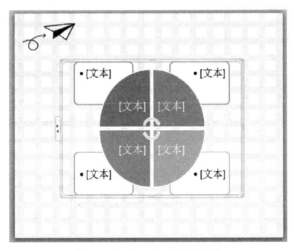

图 12-20　SmartArt 彩色效果

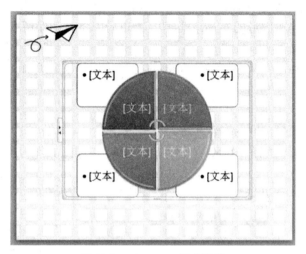

图 12-21　SmartArt 样式效果

（3）选中 SmartArt 图，单击左边的　图标，打开"在此处键入文字"对话框，如图 12-22 所示，输入图 12-23 所示的内容。

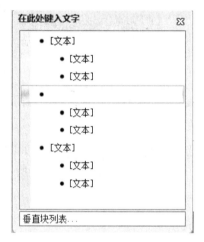
图 12-22　"在此处键入文字"对话框

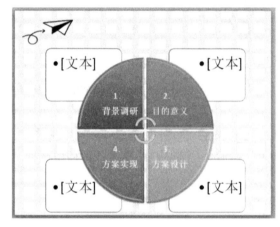
图 12-23　SmartArt 文字效果

任务6：在幻灯片中设置超链接和动作

1. 任务描述

当演示文稿中的幻灯片比较多时，需要进行目录式链接，或者在幻灯片中需要链接到演示文稿以外的地址时，就需要在幻灯片中使用超链接和动作设置。

本任务实现单击文字链接到相应的幻灯片，实现目录式导航。在其他幻灯片中添加动作，返回到目录幻灯片。

2. 操作步骤

（1）设置超链接，选择第 2 张幻灯片，选中文字"摘要"，单击"插入"菜单→"链接"→"超链接"按钮,打开"插入超链接"对话框,如图 12-24 所示,在左边选择本文档中的位置,然后选择"3. 幻灯片 3"。用相同的方法,实现单击文字"正文"链接到"5. 幻灯片 5"以及单击文字"总结"链接到"7. 幻灯片 7"。设置结果如图 12-25 所示。

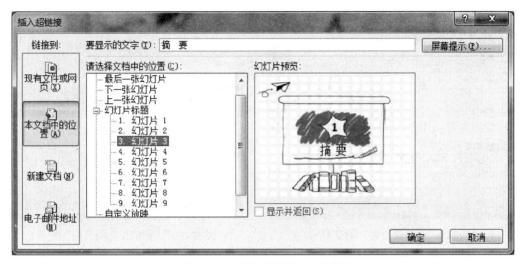

图 12-24 "插入超链接"对话框

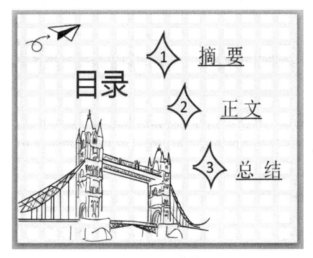

图 12-25 超链接效果

(2)设置动作,选择第 4 张幻灯片,输入"返回"两字并选中,单击"插入"菜单→"链接"→"动作"按钮,打开"动作设置"对话框,如图 12-26 所示,选中"超链接到",在下拉列表中选择"幻灯片",打开"超链接到幻灯片"对话框,如图 12-27 所示,选择"2. 幻灯片 2",单击"确定"按钮。这样当放映时单击"返回"按钮,就会链接到第 2 张幻灯片。

(3)用同样的方法,在第 6 张幻灯片中输入"返回"两字并选中,同样链接到"2. 幻灯片 2"。

图 12-26 "动作设置"对话框

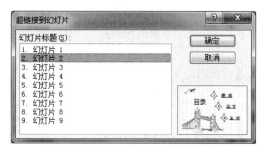

图 12-27 "超链接到幻灯片"对话框

任务7：幻灯片的放映和结束

1. 任务描述

在 PowerPoint 中不必使用其他放映工具就可以直接播放并查看演示文稿的实际播放效果。

2. 操作步骤

（1）启动幻灯片放映。单击"幻灯片放映"菜单→"从头开始"按钮，如图 12-28 所示，可以根据需要选择不同的放映方式。可以通过单击鼠标切换到下一张幻灯片，在放映时还可以进行排练计时，以测出完成演讲时所用的时间。

图 12-28 "幻灯片放映"菜单

（2）结束放映。在一般情况下，当演示文稿的所有幻灯片播放完后自动结束，如果想在放映过程中结束放映，可以单击鼠标右键选择"结束放映"命令。

【知识拓展】

图形的随意裁剪

在 Flash 中有一组十分有用的工具——对象合并：联合、交集、打孔和裁切。现在，PowerPoint 2010 也引入了这组工具。通过这组工具，可以快速地构建可以想象的任意图形。

不过，这组工具被隐藏起来了，可以通过"自定义功能区"把它们显示出来。

（1）新建一个空白的演示文稿，保存为"图形裁剪.pptx"。

（2）单击"文件"选项卡→"选项"命令，打开"PowerPoint 选项"对话框，单击"自定义功能区"选项，在"自定义功能区（B）"中，单击"新建选项卡"按钮，然后重命名为"组合形状"。

（3）从"从下列位置选择命令"选择列表框中选择"不在功能区的命令"，找到"形状组合""形状联合""形状交点""形状剪除"，把这几个命令添加到一个新建的"组合形状"选项卡中，如图 12-29 所示。

图 12-29 "PowerPoint 选项"对话框

（4）单击"开始"选项卡，可以看到添加的组合形状工具如图 12-30 所示。

（5）选中第 1 张幻灯片，删除标题文本框，单击"插入"菜单→"形状"选项，插入图 12-31 所示的四个重叠图形，选中第一组图，单击"形状交点"命令，选中第二组图，单击"形状联合"命令；选中第三组图，单击"形状组合"命令；选中第四组图，单击"形状剪除"命令，如图 12-32 所示。

① 形状交点：保留形状相交部分，其他部分一律删除。

② 形状联合：不减去相交部分。

③ 形状组合：把两个以上的图形组合成一个图形，如果图形间有相交部分，则减去相交部分。

图 12-30 组合形状工具

④ 形状剪除：把所有叠放于第一个形状上的其他形状删除，保留第一个形状上的未相交部分。

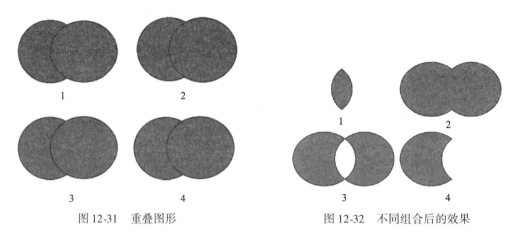

图 12-31　重叠图形　　　　　　　　图 12-32　不同组合后的效果

【技能训练】

1. 利用模板建立一个演示文稿

（1）启动 PowerPoint 2010，单击"文件"菜单→"新建"命令，选择"样本模板"，选择"PowerPoint 2010 简介"模板，单击"创建"按钮，如图 12-33 所示。

图 12-33　样本模板

(2) 学习 PowerPoint 2010 的新功能：图片效果的设计、视频和音频的插入等内容。

2．建立相册

单击"插入"菜单→"图像"→"照片"选项，打开"相册"对话框，如图 12-34 所示。单击"文件"/"磁盘"按钮，打开"插入新图片"对话框，如图 12-35 所示，选择自己的照片。根据所学知识完成相册的制作。

图 12-34　"相册"对话框

图 12-35　"插入新图片"对话框

项目十三

主题动画的制作

【项目目标】

本项目的目标是利用 PowerPoint 制作美妙绝伦的动画。动画效果如图 13-1 所示。

图 13-1　动画效果

【需求分析】

用 PowerPoint 制作出来的演示文稿中不仅有图像和声音,同时还可添加许多逼真的动画效果。本项目将使用 PowerPoint 2010 制作一个主题动画。通过设置幻灯片背景,插入图片、音频,设置图片布局,添加文字来组成幻灯片的画面。通过自定义幻灯片的动画效果,进一步完善动画。在制作完成后,还可以将它"打包",使用发布幻灯片的形式将主题动画共享给其他用户。

通过本项目,读者应掌握绘制和组合图形的方法,学会设置幻灯片上各个对象的叠放次序,掌握自定义幻灯片的动画效果以及幻灯片切换的设置方法。

【方案设计】

1. 总体设计

新建一个演示文稿,选择模板和背景,在各页幻灯片中插入图片及文字,然后设置各页幻灯片的切换方式及各对象的动画效果,设置排练计时,使幻灯片可以自动播放,最后将制作好的主题动画打包并共享。

2．任务分解

任务 1：选择模板及背景；

任务 2：插入图片，设置图片格式；

任务 3：设置幻灯片的切换方式；

任务 4：设置幻灯片的动画效果；

任务 5：设置排练计时；

任务 6：打包。

3．知识准备

1）幻灯片切换

幻灯片切换是多张幻灯片中的动画效果变换，内容会随每张幻灯片的不同有所区别，除非幻灯片都一样。

2）动画方案

动画方案是指在一张幻灯片中实现动画效果的技术，这令幻灯片看起来更生动、吸引人。

3）排练计时

排练计时是以排练方式运行幻灯片放映，在其中可以设置或更改幻灯片的放映时间。当单击这个命令后会进入"幻灯片放映"视图，并弹出一个"预演"工具栏，这时就可以安排 PowerPoint 幻灯片的放映节奏，主要根据幻灯片演讲者的偏重点来设置每张幻灯片放映的时间长度。

4）打包

将演示文稿与任何支持文件一起复制到磁盘或网络位置时，在默认情况下会添加 Microsoft Office PowerPoint Viewer。这样，即使其他计算机上没有安装 PowerPoint，也可以使用 PowerPoint Viewer 运行打包的演示文稿。

【方案实现】

任务 1：选择模板及背景

1．任务描述

首先使用模板给新建的演示文稿设置统一的风格。

2．操作步骤

（1）新建一个演示文稿之后打开。

（2）启动 PowerPoint 2010 后，插入新的幻灯片，单击"开始"菜单→"新建幻灯片"选项，选择"空白"版式，如图 13-2 所示，单击第 1 张幻灯片，按 Enter 键，可插入第 2 张、第 3 张幻灯片。

（3）选中第 1 张幻灯片，单击"设计"菜单，下方显示"背景"功能区，可以对幻灯片的背景进行相关设置，如图 13-3 所示。

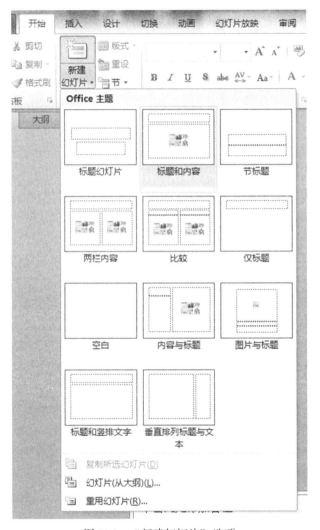

图 13-2 "新建幻灯片"选项

图 13-3 "背景"功能区

(4) 此时,打开"背景样式"选项,在"设置背景格式"对话框中选择"渐变填充",如图 13-4 所示,然后在"预设颜色"下拉列表中选择"羊皮纸",在"方向"下拉列表中选择"线性对角-左上到右下",单击"关闭"按钮,此时第 1 张幻灯片的背景效果就设置完成,如图 13-5 所示。

项目十三　主题动画的制作

图 13-4　"设置背景格式"对话框

图 13-5　完成背景设置的幻灯片 1

（5）选中第 2 张幻灯片，单击鼠标右键，选择"设置背景格式"选项，在"设置背景样式"对话框中选择"图片或纹理填充"，如图 13-6 所示，单击"文件"按钮，在打开的窗口中找到素材并选择"图 1.png"，将其插入到第 2 张幻灯片中，单击"关闭"按钮，为第 2 张幻灯片添加背景图片。按照相同的方法再为第 3 张幻灯片设置背景，素材选用"图 2.jpg"，所有页面背景效果如图 13-7 所示。

- 245 -

图 13-6 "设置背景格式"对话框

图 13-7 页面背景效果

任务2：插入图片，设置图片格式

1. 任务描述

在幻灯片中插入图片，并设置相应的图片格式，美化图片及页面效果。

2. 操作步骤

（1）选中第1张幻灯片，选择"插入"菜单→"图片"选项，在打开的窗口中找到素材并选择"图3.png"，将其插入到第1张幻灯片中，然后在"图片工具格式"菜单→"图片样式"下拉列表中选择"剪裁对角线，白色"，可以修改当前图片样式，接着设置"图片效果"→"预设"→"预设1"，以及"图片边框"→"紫色"，可美化该图片效果，如图13-8所示。

（2）再次选中第1张幻灯片，选择"插入"菜单→"图片"选项，在打开的窗口中找到素材并选择"图4.jpg"，将其插入到第1张幻灯片中，然后在"图片工具格式"菜单→"图片样式"下拉列表中选择"金属椭圆"，可以修改当前图片样式，接着设置"图片边框"→"无轮廓"，可美化该图片效果，同时也完成了对幻灯片1的美化，效果如图13-9所示。

项目十三 主题动画的制作

图 13-8　图片美化效果

图 13-9　幻灯片 1 的美化效果

（3）选中第 2 张幻灯片，选择"插入"菜单→"图片"选项，在打开的窗口中找到素材并选择"图 5.jpg"，将其插入到第 2 张幻灯片中，然后在"图片工具格式"菜单→"图片样式"下拉列表中选择"圆形对角，白色"，可以修改当前图片样式，接着设置"图片效果"→"预设"→"预设 2"以及"图片边框"→"浅绿"，可美化该图片效果。再次选择"插入"菜单→"图片"选项，在打开的窗口中找到素材并选择"图 6.jpg"，然后在"图片工具格式"菜单→"图片样式"下拉列表中选择"棱台透视"，可美化该图片效果，同时也完成了对幻灯片 2 的美化，效果如图 13-10 所示。

（4）选中第 3 张幻灯片，选择"插入"菜单→"图片"选项，在打开的窗口中找到素材并在按下 Ctrl 键的同时选中图 7、8、9、10、11、12，将它们插入到第 3 张幻灯片中，然后在"图片工具格式"菜单→"图片版式"下拉列表中选择"六边形群集"，可以修改当前

- 247 -

多张图片的版式,接着打开"设计"菜单→"更改颜色"→"彩色范围–强调文字颜色 5 至 6"在"SmartArt 样式"下拉列表中选择"鸟瞰场景",即可美化本组图片效果。之后在图形中对应的位置输入文字"时光不老我们不散"。此时就完成了对幻灯片 3 的美化,效果如图 13-11 所示。

图 13-10　幻灯片 2 的美化效果

图 13-11　幻灯片 3 的美化效果

任务 3:设置幻灯片的切换方式

1. 任务描述

可以使用幻灯片切换来设置每一张幻灯片的放映方式。

2. 操作步骤

(1) 选中第 1 张幻灯片,单击"切换"菜单,在其中的"切换到此幻灯片"功能区中,单击下拉按钮打开幻灯片切换效果的选择窗口。在"华丽型"选项区中选择"涡流"效果,如图 13-12 所示。

图 13-12 "幻灯片切换"任务窗格

(2) 在"切换"菜单下的"计时"功能区可以对幻灯片的切换速度进行设置,在"持续时间"项中,调整幻灯片切换效果持续的时间,如图 13-13 所示。

图 13-13 设置幻灯片切换速度

(3) 仍然在"计时"功能区中,单击"声音"下拉列表中选择"风铃",如图 13-14 所示。

(4) 同理,设置第 2 张幻灯片的切换效果,在"华丽型"选项区中选择"百叶窗"效果,"效果选项"为"垂直","持续时间"为"4 秒","声音"为"风铃"。

(5) 同理,设置第 3 张幻灯片的切换效果,在"华丽型"选项区中选择"涟漪"效果,"效果选项"为"居中","持续时间"为"4 秒","声音"为"风铃"。

图 13-14　设置幻灯片切换时的声音

任务 4：设置幻灯片的动画效果

1. 任务描述

对幻灯片中的对象设置动画效果，可以使放映过程充满乐趣。

2. 操作步骤

（1）设置第 1 张幻灯片的动画效果。选中之前插入的"图 3"，单击"动画"菜单，在其中的"动画"功能区中可以进行动画效果的选择。单击下拉按钮显示动画效果选择窗口，在弹出的窗口中选择"进入"选项区中的"形状"，"效果选项"为"菱形"，如图 13-15 所示。

图 13-15　选择动画效果

（2）单击"动画"菜单，在其中的"计时"功能区中，将动画的开始方式设置为"上一动画之后"，将"持续时间"设置为 2 秒，如图 13-16 所示。

（3）同理，再设置第 1 张幻灯片的动画效果。选中之前插入的"图 4"，在"动画"功能区选择"进入"选项区中的"浮入","效果选项"为"上浮",在"计时"功能区中,将动画的开始方式设置为"与上一动画同时",将"持续时间"设置为2秒。

(4) 同理,设置第2张幻灯片的动画效果。选中之前插入的"图5",在"动画"功能区选择"进入"选项区中的"棋盘","效果选项"为"跨越",在"计时"功能区中,将动画的开始方式设置为"与上一动画之后",将"持续时间"设置为2秒。

图 13-16　设置动画开始的方式和速度

(5) 同理,再设置第2张幻灯片的动画效果。选中之前插入的"图6",在"动画"功能区选择"进入"选项区中的"玩具风车",在"计时"功能区中,将动画的开始方式设置为"与上一动画同时",将"持续时间"设置为2秒。

(6) 同理,设置第3张幻灯片的动画效果。选中之前已设置好的SmartArt图形,在"动画"功能区选择"进入"选项区中的"楔入","效果选项"为"作为一个对象",在"计时"功能区中,将动画的"开始"方式设置为"与上一动画之后",将"持续时间"设置为2秒。

任务5:设置排练计时

1. 任务描述

通过设置排练计时,可以让幻灯片按照安排好的时间自动并循环放映。

2. 操作步骤

(1) 单击"幻灯片放映"菜单中的"排练计时"按钮,即可进入幻灯片排练计时状态。第1张幻灯片开始放映,在屏幕左上角出现一个排练计时器,如图13-17所示。

图 13-17　设置排练计时

(2) 从开始排练计时到当前为止所用的总时间显示在排练计时器的右部。此时,单击"暂停"按钮可以暂停计时,再单击一次恢复计时。另外,单击排练计时器中的"重复"按钮可以重新开始为当前幻灯片排练计时。

(3) 当前的幻灯片的放映结束后,可以手动进行换片。如需进入下一张幻灯片,可以单击鼠标左键、按 Enter 键或单击排练计时器上的箭头按钮。为下面的幻灯片进行计时后，可以单击排练计时器右上角的"关闭"按钮，停止排练计时。

（4）停止排练计时后，出现图 13-18 所示的信息提示框。

图 13-18　询问是否保存排练计时

（5）在提示框中单击"否"按钮可以将这些定时时间作废，单击"是"按钮则保留这次排练计时时间，并将每张幻灯片的定时时间都显示在幻灯片浏览视图中相应的幻灯片下方，如图 13-19 所示。

图 13-19　设置好的排练计时

（6）选择"幻灯片放映"菜单中的"设置放映方式"命令，打开"设置放映方式"对话框。在其中的"换片方式"选项组中选择"如果存在排练时间，则使用它"单选按钮，然后单击"确定"按钮，即可完成这次排练，如图 13-20 所示。

图 13-20　"设置放映方式"对话框

任务6：打包

1. 任务描述

在日常工作中，经常要带着移动存储设备，将一个演示文稿移动带到另一台机器中，然后放映这些演示文稿，但是如果某些机器中没有安装 PowerPoint 软件，那么将无法使用该演示文稿，所以微软公司赋予 PowerPoint 一项功能——打包，经过打包后的 PowerPoint 文稿，可以在任何一台安装 Windows 操作系统的计算机中正常放映。

2. 操作步骤

（1）单击"文件"菜单中的"保存并发送"命令，在弹出的操作选项中选择"将演示文稿打包成 CD"，弹出"打包成 CD"对话框，如图 13-21 所示。

图 13-21　"打包成 CD"对话框

（2）单击"添加文件"按钮，在弹出的"添加文件"对话框中选择需要打包的文件，然后单击"添加"按钮，如图 13-22 所示。

图 13-22　"添加文件"对话框

（3）如需打包多个文件，只需继续单击"添加"按钮，如图13-23所示。

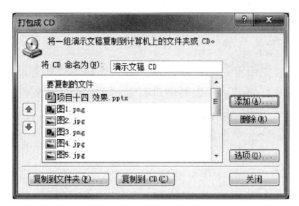

图13-23 "打包成CD"对话框

（4）选择好文件后，单击"复制到文件夹"按钮，弹出"复制到文件夹"对话框，设置文件夹名称及存储位置，然后单击"确定"按钮，如图13-24所示。

图13-24 "复制到文件夹"对话框

（5）操作完毕后，在选择的位置会产生一个文件夹，里面包含播放PowerPoint所需的相关文件，如图13-25所示。复制该文件夹到任何使用Windows操作系统的计算机中，将不受Office软件限制，正常放映演示文稿。

图13-25 打包后生成的文件

【知识拓展】

1. 发布幻灯片

（1）利用PowerPoint"文件"菜单中的"保存并发送"命令，可以通过发布幻灯片，实现幻灯片的共享，如图13-26所示。

图 13-26 "发布幻灯片"菜单项

（2）单击"发布幻灯片"按钮，打开"发布幻灯片"对话框（图 13-27），选择需要发布的幻灯片内容，单击"浏览"按钮，选择发布幻灯片的位置，单击"发布"按钮完成操作。将幻灯片发布到共享的文件夹中，就可以为其他用户提供查看审阅演示文稿的便利。

图 13-27 发布演示文稿

2．录制幻灯片演示

（1）单击"幻灯片放映"菜单，选择图 13-28 所示的"录制幻灯片演示"命令，会弹出"录制幻灯片演示"对话框，如图 13-29 所示。

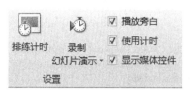 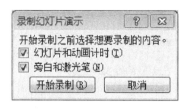

图 13-28　选择"录制幻灯片演示"命令　　　图 13-29　"录制幻灯片演示"对话框

（2）为计算机添加音频输入设备，如麦克风等，在音频设备调试完毕后，即可选中图 13-29 中的"旁白和激光笔"单选框，然后单击"开始录制"按钮，就可以开始录制带有旁白的幻灯片演示。

（3）录制幻灯片演示的方法和前面介绍的"排练计时"十分相像，只不过现在需要将要录制的幻灯片旁白录制到每张幻灯片中，旁白的进度需要根据讲解的详细程度不同而定。

（4）当录制完幻灯片演示后，在幻灯片视图的右下角会出现小喇叭样式的图标，表示这是一个带有旁白的幻灯片演示，如图 13-30 所示。

图 13-30　带有旁白的幻灯片演示

【技能训练】

1. 字书写的动画演示（图 13-31）

将字所有的组成部分输入为艺术字，并排列好位置，按照以下步骤设置动画效果：

（1）将"丶"的进入效果设置为"飞入"，方向为"自底部"，持续时间为 1 秒。

图 13-31 动画演示

（2）将"⼀"的进入效果设置为"旋转"，方向为"水平"，持续时间为 1 秒。

（3）将"八"的进入效果设置为"放大"，持续时间为 2 秒。

（4）将"言"的进入效果设置为"飞入"，方向为"自底部"，持续时间为 1 秒。

（5）将"幺"的进入效果设置为"旋转"，方向为"水平"，持续时间为 1 秒。

（6）将"长"的进入效果设置为"飞入"，方向分别为"自左侧"和"自右侧"，持续时间为 1 秒。

（7）将"马"的进入效果设置为"劈裂"，方向为"由中央向上下展开"，持续时间为 2 秒。

（8）将"心"的进入效果设置为"翻转式由远及近"，持续时间为 2 秒。

（9）将"月"的进入效果设置为"弹跳"，持续时间为 2 秒。

（10）将"刂"的进入效果设置为"随机线条"，方向为"水平"，持续时间为 1 秒。

（11）将"辶"的动画效果设置为"自定义路径"，方向为"从屏幕外飞入"。

（12）按照口诀"一点飞上天，黄河两头弯，'八'字大张口，'言'字朝进走，你一扭，我一扭，你一长，我一长，中间加个马大王，'心'字底，'月'字旁，画个杠杠叫马杠，坐个车车到咸阳"录制旁白。

将所有动画效果的开始方式均设置为"上一动画之后"。

2. 生日快乐 的动态进入

（1）插入图片 生日快乐，并按照图 13-32 所示位置放置。

图 13-32　初始位置

（2）将 生日 的进入效果设置为"弹跳"，持续时间为 2 秒。

（3）将 生日 的自定义路径设置为"豆荚"，持续时间为 3 秒。

（4）将 生日 的强调效果设置为"陀螺旋"，持续时间为 3 秒。

（5）将 快乐 的进入效果设置为"弹跳"，持续时间为 2 秒。

（6）将 快乐 的自定义路径设置为"花生"，持续时间为 3 秒。

（7）将 快乐 的强调效果设置为"跷跷板"，持续时间为 3 秒。

（8）将蛋糕图片的进入效果设置为"下降"，持续时间为 2 秒。

将所有动画效果的开始方式均设置为"上一动画之后"。